2013 CHINESE INTERIOR DESIGN

COLLECTION

2013 中国室内设计集成

|酒 店|餐 厅|

《设计家》编 著

广西师范大学出版社
·桂林·

图书在版编目（CIP）数据

2013 中国室内设计集成/《设计家》编著. —桂林：广西师范大学出版社，2014.1
ISBN 978 - 7 - 5495 - 3680 - 1

Ⅰ. ①2… Ⅱ. ①设… Ⅲ. ①室内装饰设计－作品集－中国－现代 Ⅳ. ①TU238

中国版本图书馆 CIP 数据核字（2013）第 085385 号

出 品 人：刘广汉
责任编辑：王晨晖
版式设计：王子谦
封面设计：杨春玲

广西师范大学出版社出版发行
（广西桂林市中华路 22 号　　邮政编码：541001）
（网址：http://www.bbtpress.com）
出版人：何林夏
全国新华书店经销
销售热线：021 - 31260822 - 882/883
上海锦良印刷厂印刷
（上海市普陀区真南路 2548 号 6 号楼　邮政编码：200331）
开本：646mm×960mm　　1/8
印张：102.5　　　　字数：30 千字
2014 年 1 月第 1 版　　2014 年 1 月第 1 次印刷
定价：858.00 元

前言

汇百家　集大成

《2013中国室内设计集成》是《设计家》杂志秉持其一贯的开放视野和专业态度，汇编最新于中国境内完成的优秀室内设计的作品集。全书共收集140个作品，类型涵盖酒店、餐厅、办公、商业展示、娱乐休闲、公共空间、售楼处、别墅、公寓等，门类多样，是当下中国室内设计各个领域的代表性作品。作者阵容强大，有来自著名国际设计机构的欧美名师，有久已闻名于业内的亚太名家，也有本土创作实力派和海归创意新锐族，充分体现了编者海纳百川的包容精神。

本书全部为最新实际完成的作品，以当下现实生活为基础，展现了多元创作风格，既与国际潮流趋势接轨，也与中国传统文化一脉相承，为关注中国室内设计现状与发展方向的相关人士集中提供了真实的样本，也是中国室内设计迅速成长与成熟的成果纪录。

《设计家》编辑部
2013年5月

前言

目录

酒店	**HOTEL**

CONTENTS

中 国 室 内 设 计 集 成

2 0 1 3 中 国 室 内 设 计 集 成
CHINESE INTERIOR DESIGN COLLECTION

「酒店」

HOTEL

01 02

SHENZHEN WONGTEE V HOTEL
深圳皇庭V酒店

设计单位　PLD刘波设计顾问（香港）有限公司
项目地点　广东 深圳
建筑面积　45,000平方米
完成时间　2011年12月

　　皇庭V酒店系深圳皇庭集团所鼎力打造，坐落于深圳CBD核心区，定位于设计精品酒店，其酒店设计在满足功能的要求下，力求以空间独特性、设计感与艺术性来感染宾客。

　　酒店的一层为迎宾区，室内的设计传达出"大地能量"的主题，营造出一种抽象的森林景致，深圳皇庭V酒店就如同这个都市丛林中静谧的森林。

　　穿过挺拔的电梯厅和宏伟的酒店大堂，地面的青砂岩系列展示出空间的质朴与精致，同时金属墙面造型与当代艺术品的组合，及柔性材质的穿插配合，一种低调的奢华油然而生。

　　日式餐厅、中餐厅与全日制餐厅的界限并不是靠生硬切割，而是通过合理的交通流线设计来满足功能的要求与空间的和谐。选材上一改以往酒店金色、米黄色系的传统手法，而选用灰色、白色、木色为基调，意求低调的奢华，色系效果素雅和谐，并将富有创造力的当代艺术品贯穿其中，营造空间风格的融汇与延续，从而使设计、精品两个概念贯彻始终。

　　28-37层客房层设计方案萃取大自然的典雅，空间形式感简练，满足功能的同时，优雅地呈现出大胆新颖的风格，与建筑设计理念完整地结合在一起。

　　通过酒店公共部分与客房功能的完美结合，皇庭V酒店在熙熙攘攘的大都市中打造出一片灵感源于自然的静谧绿洲。

01 夜景下的酒店外观
02 大堂吧局部
03 一楼大堂休息区

03

04
05

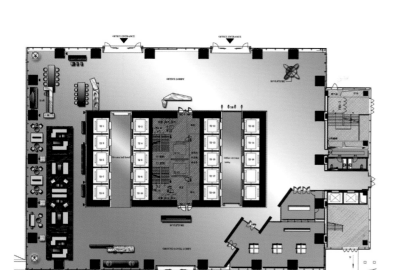

一层平面布置图

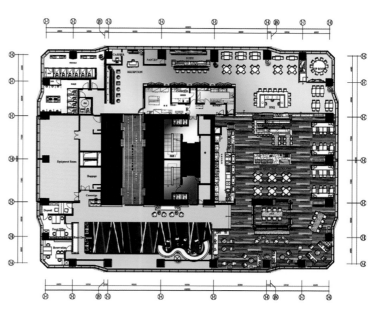

二十六层平面布置图

04-06 西餐厅

07

08

09

10

07 走廊
08 VIP品酒屋
09 洗手间
10 露天游泳池

11

12

11 客房
12 总裁套房卧室
13 总裁套房客厅
14-15 总裁套房局部

14 15

01 02

BANYAN TREE SHANGHAI ON THE BUND

上海外滩悦榕庄

项目地点　　上海
完成时间　　2012年

　　上海外滩悦榕庄为打造"豪华都市度假酒店"全新概念，在沿袭悦榕庄优雅浪漫和豪华低调等特色的同时，使酒店成为上海高端休闲新地标。客人可在此惬意享受悦榕庄特别营造的温馨氛围，重启感官愉悦，唤醒心灵诗意。

　　上海外滩悦榕庄以简约的设计透露出豪华度假酒店的独特魅力，酒店的外观设计独具匠心，葱郁的绿化环绕让酒店幽静沁香。

　　餐饮空间：海怡西餐厅位于大堂楼层，为酒店的主餐厅。每天早晨海怡西餐厅精心准备丰盛健康的早餐。午餐餐单上特别推出套餐及商务餐以供选择。而每到夜幕降临，这里将化身浪漫典雅的西式餐厅，新鲜生蚝搭配上选香槟、创意的海鲜摆盘，浪漫晚餐时刻定将惊喜非凡。

　　酩缘中餐厅精心准备了地道的传统粤式美食，此外，酩缘还烹制各种创意中式料理和全球各地的风味小食。包间露台可将浦江瑰丽景色尽收眼底，使享用晚餐的过程更添一份雅致。餐厅内还设有高级日式餐台泰和，精心制作各款日式刺身和寿司。

　　悦榕酒廊全天营业，是轻松、优雅地享受下午茶的理想之选。在这个极富情调的酒廊内，不仅可以品尝到各款以茶和新鲜花草为原料调制而成的鸡尾酒，还可以品味各种开胃酒、优质红酒、餐后酒和睡前酒的不同风味。

　　日暮时分，静静地坐在酒店屋顶露天酒吧，一边品啜别具风味的特调鸡尾酒，一边欣赏浦江两岸迷人的建筑景观，实乃人生一大赏心乐事。

01-02 上海外滩悦榕庄坐落于景色迷人的黄浦江畔
03 酒店夜景外观
04 宽敞明亮的大堂空间结构
05 大堂休息区一角

03

04

05

06
07

08

悦榕Spa横跨三个层面，拥有11个尊贵护疗室和美发、美甲沙龙。经过悦榕Spa学院特别培训的护疗师具备最舒适和缓的亚洲护疗手法，让客人极致放松身心。

悦榕阁为纯正的悦榕庄风情，一系列世界各地的手工艺品、假日服饰和标志性的豪华Spa设施定会让中外宾客留下深刻的印象。

在室内游泳池尽兴畅游，这或许是为忙碌的一天画上圆满句号的最理想方式。此外，特别设计的三个休闲泡池同样是身体和心灵获得舒缓和放松的最佳途径。

健身房拥有设施完善的现代化健身中心和一个纤体瑜伽房。

上海外滩悦榕庄拥有四间不同规格的会议室，可以通过不同的搭配组合成为可容纳10~90名宾客的空间；大宴会厅可以同时容纳45~130名宾客，适宜举办各种大型宴会或时尚活动。

09-10 游泳池的设计简约舒适
11 悦榕Spa接待台
12 健身房

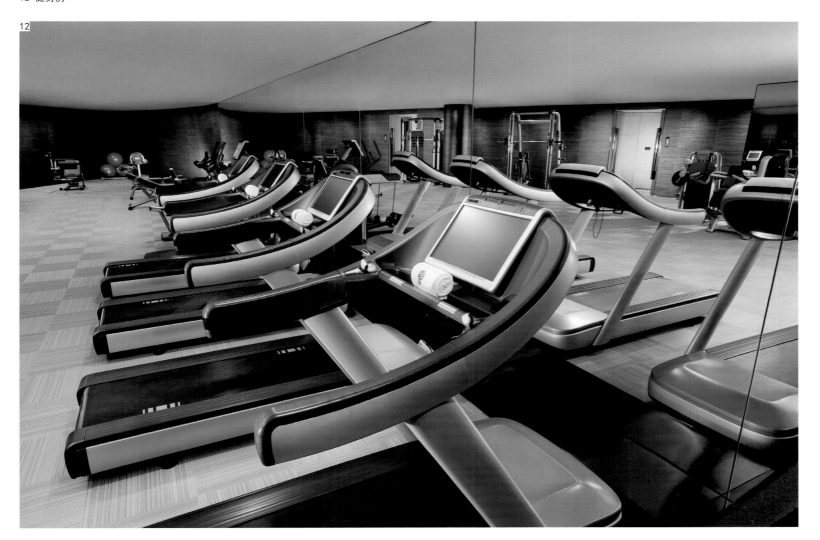

13

14

15

16

17

16 悦榕复式总统套房起居会客区
17 悦榕复式总统套房用餐区
18 悦榕复式总统套房浴室
19 悦榕复式总统套房卧室

上海外滩悦榕庄拥有130间颇具巧思设计的客房。所有客房均配有超大景观窗,无遮挡全景俯瞰浦江两岸迷人景致,并与摩登浦东的繁华金融区交相呼应。客房的室内装饰散发出亲近自然的气息,尊贵的木质内饰、中性色彩的布艺、时尚的家居装饰和现代化的内部设施共同营造出豪华而不失自然、尊贵而不失温馨的经典气息。

其中,卧室的背景墙上装饰了极具美感的缠枝连纹;现代艺术与浴室设计相结合,特大圆形江景浴缸、双水槽大理石台面、热带雨林式的冲淋,足以媲美悦榕Spa。同时,不容错过的是精心放置在卧室的慵懒舒适宽大的沙发,可一眼饱览美仑美奂的窗外江景。

20-21　至尊外滩江景套房休息会客区
22-24　外滩全江景房

01 02

THE RITZ-CARLTON HONG KONG
香港丽思卡尔顿酒店

设计单位　LTW Designworks(公众区域及房间）
　　　　　SPIN Design Studio、Wonderwall（餐厅及酒
项目地点　香港
建筑面积　278,709 平方米
完成时间　2012年

全球最高端酒店香港丽思卡尔顿酒店呈现了优雅及崭新时尚的设计风格。酒店整体设计灵感源自都市之动感文化，同时渗透着浓烈的本地气息。

酒店以香港海岸线为背景，正门面向醉人的维多利亚港。整间酒店以现代方式演绎了传统中式家具及艺术品陈设，展现和谐且地道的风韵。为了营造亲切感，酒店在地面上铺设了手工制造的羊毛地毯，并用丝绸图案地毯划分不同区域。蓝灰色及棕黄色图案的地毯仿如花坛般美仑美奂。

酒店大堂顶部是一幅描绘骏马奔腾的抽象中国古典水彩画，以碎条状呈现，让宾客可以从不同角度欣赏此作品。

酒店提供312间可观览维港及城市景致的客房及套房。每间套房均设有望远镜。大床的床头板是用丝绸、真皮及金属制作的。电视墙同样以金属、皮革为主要的物料，再配以棒球上缝纫的线条为设计元素。客房内花卉图案的地毯、首饰

盒造型的橙棕色衣橱都展现出浓厚的东方色彩。宽敞的浴室用石灰华大理石装饰地板和墙壁，用玛瑙连接两个洗手盆台面。

柔和的灯光、现代古典家具以及如旅行箱般的书架，营造出丽思卡尔顿行政酒廊亲切及舒适的环境。行政酒廊的地板采用加入石英的深色巴西大理石，再配以橙色和灰色条纹的白色大理石台面。除此之外，靠近窗边的一列镜柱刻有金属浮雕，镜面闪闪发光，在晚间更能衬托出这个充满活力的城市。

位于三楼的耀钻宴会厅以闪烁的钻石为主题，是全港最大的宴会厅之一。宴会厅以香槟色及黄色为主色调，用连串的华丽水晶灯饰精心布置，部分墙身上还做有切镜效果，闪烁明亮。墙身大面积选用了深色的大理石并搭配奶白色的布料或皮革，为宴会厅增添了时尚气息及舒适感，而正门则采用了罕有木材美国梧桐及切割水晶，彰显富丽堂皇。

01 酒店正门面向醉人的维多利亚港
02 楼高490米之上的顶楼露天酒吧
03 大堂酒廊
04 亲切及舒适的行政酒廊

03

04

05 天龙轩中餐厅-主厅
06 天龙轩中餐厅-私人包厢

06

07 08

09

07 水疗中心内的双人海景水疗套房
08 酒店大堂局部美轮美奂的地毯和抽象中国画
09 可览维多利亚港精致的自助餐区
10 耀钻宴会厅的宴会接待区
11 耀钻宴会厅

10

11

12 豪华配置的套房卧室
13 每间套房均设有望远镜供宾客欣赏美景
14 游泳池夜景

01　02

THE SECOND PHASE OF THE PITZ-CARLTON SHENZHEN

深圳丽思卡尔顿酒店二期

设计单位　姜峰室内设计
项目地点　姜峰
参与设计　袁晓云
项目地点　广东 深圳
项目面积　2,000平方米

　　深圳丽思卡尔顿以她低调奢华的设计风格，绅士淑女般的优雅服务，吸引着众多人的目光。其中宴会厅和中餐厅的订座率更是一直居高不下。因此投资方决定将原本留做商业用途的建筑北侧空间，扩建成酒店的特色豪华包房及宴会厅。

　　在宴会厅的设计中，考虑到建筑结构拥有全天窗玻璃顶棚的优越条件，我们决定将自然光线引入宴会厅内部，赋予宴会厅自然亲切的格调。

　　在豪华中餐包房的设计中，由于使用人员层次更高端、更个性化，因此我们针对他们的使用习惯，为中餐包房增设了KTV包房、棋牌室和户外休息区域以及书房等功能区域，这些功能为提升包房的尊贵品质提供了必要的条件。

　　为了迎合深圳海滨城市的特色，我们选用了鱼作为原始素材，将其与中式元素龙结合起来，这就是豪华包房主背景墙龙型艺术品的来源。书房区域，我们选用了雏菊作为水晶吊灯的灵感来源，为空间增加了清新高雅的艺术氛围。在KTV包间，我们使用了大体量的水晶吊灯，突出一种

震撼的效果。

　　二期项目已经投入运营，同一期一样，项目获得了万豪酒店集团和客人的一致好评。深圳丽思卡尔顿又一次向公众展示出她低调而奢华的优雅魅力。

01 豪华包房休息区
02 以"鱼"为元素的艺术背景墙
03 豪华包房

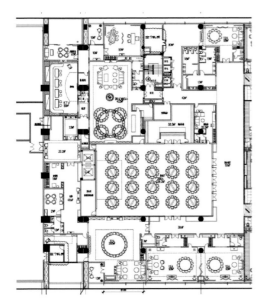

四层平面布置图

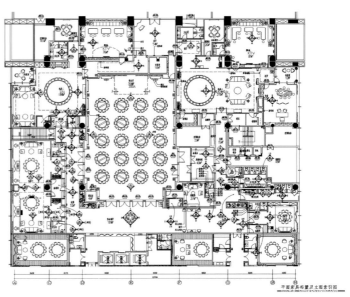

立面索引图

05

01 豪华包房休息区
02 以"鱼"为元素的艺术背景墙
03 豪华包房

06 宴会厅局部
07 大体量的水晶吊灯突出一种震撼的效果

08

08 KTV包房

01 02

NINGBO PAN PACIFIC HOTEL
宁波泛太平洋大酒店

设计单位　江苏省海岳酒店设计顾问有限公司
主持设计　姜湘岳
参与设计　徐云春、王鹏、赵相谊
项目地点　浙江 宁波
建筑面积　85,000平方米
完成时间　2012年8月

　　该项目由宁波市政府出资、新加坡泛太平洋管理集团管理，属于典型的城市商务酒店，面积较大，功能较全。设计上除考虑中西文化的结合之外，还兼顾了泛太平洋酒店惯有的气质及宁波当地独特的文化底蕴等多种情感要素。每个空间都因其特殊的性质被赋予了不同的文化精髓，如浪漫神秘的意大利餐厅、通透开敞的自助餐厅、文人山水的中式餐厅等。

　　自助餐厅的建筑构造特殊，由于下方没有支撑柱，空间内部便存在很多交叉的悬挑柱，大大局限了设计构思的呈现。通过与建筑师及业主几番深入的沟通，设计师去掉了所有的悬挑柱，一个四面皆风景的通透餐厅才得以实现，加之白色调的主题渲染，使得空间的光线感更加通透。

　　意大利餐厅在设计之初就定下了神秘异国风情的基调，神秘的黑和浪漫的紫，色彩以一种绝对的优势主导着空间氛围。

　　日式餐厅以自然为特色，石与木的搭配赋予了空间最接近大自然的清新气质。

　　中餐厅融入了文人山水的情调，配饰的选择尽显书香门第的清雅意境。

　　健身区相比其他区域，更侧重功能和实用性，落地玻璃透进了室外的绿色，白色立面褪去了多余的情绪，客人可以在舒心单纯的环境中放松自己。

　　客房区根据不同的消费层次设计了不同房型。总统套房无论材质还是用色都贴合奢华二字，力求彰显客人的尊贵地位；豪华大床房以现代中式的设计基调为客人定制了一个安适的私享空间。

01 大幅重彩山水画装裱的墙面
02 酒店大堂入口
03 酒店外观
04 俯瞰大堂的休息吧

03

05

06

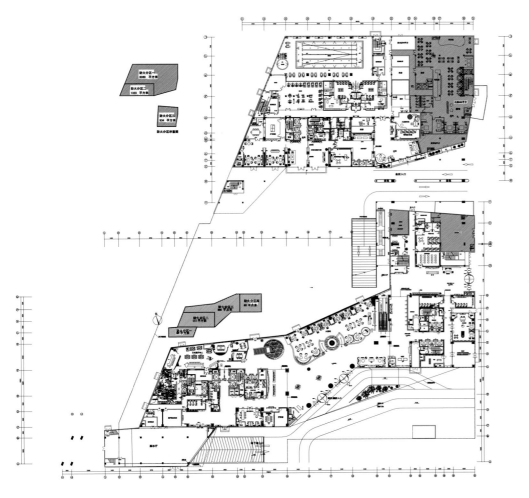

一层总平面图

05 大堂接待台后排列整齐似波浪的隔断
06 休息区雅致的现代中式环境
07 日式餐厅

08

09

08-09 中西合璧的中餐厅
10-11 自助餐厅

10

11

12

13

14 15

12 公共用餐区
13 大气瑰丽的包房就餐氛围
14 大块石质造型景观
15 简约舒适的茶憩区
16-17 现代风格的洗手间融入了一抹中式古典意味

16 17

18 会议室
19 室内游泳池
20 健身会所
21 雅致的过道休息区
22 过道处古典的中式家具

21

22

01

JINGJIANG INN
THE CARLTON HOTEL
锦江之星-长春汽贸店

设计单位　HYID泓叶室内设计
项目地点　叶铮
项目地点　吉林长春
完成时间　2012年

　　大堂内以一幅抽象格子画为视觉中心，配合复古的鸟笼装置，真正形成了视觉聚焦点。整个空间选用了沉稳素雅的黑白色调，挺拔硬朗的直线造型使人充分感受宁静理性的气质，材质的对比配置，使硬质与柔质、肌理与平洁等有机组合，应质采用的不同照明有利的烘托了空间关系。

　　从大堂接待台到电梯间的休息区，弧线造型的现代风格沙发柔化了长条空间的狭窄感，木线

的过道墙面在LED灯带的照映下，温馨烂漫。

　　餐厅入口处几何造型艺术品装置成的橱窗巧妙的过渡到了餐厅，餐厅内大面积的长条自助吧台采用了优质的大理石材质，与木条材质的隔断墙面形成质感对比。这些木条排列的隔断将空间分割出若干个半开敞式的就餐区域，并在顶部LED照明下呈现渐变的效果，黑色的简约中式地灯烘托了餐厅内敛、古朴的气质。

01 拼贴艺术墙面的大堂休息区
02 过道
03 电梯间临时休息区
04 线性结构的接待台

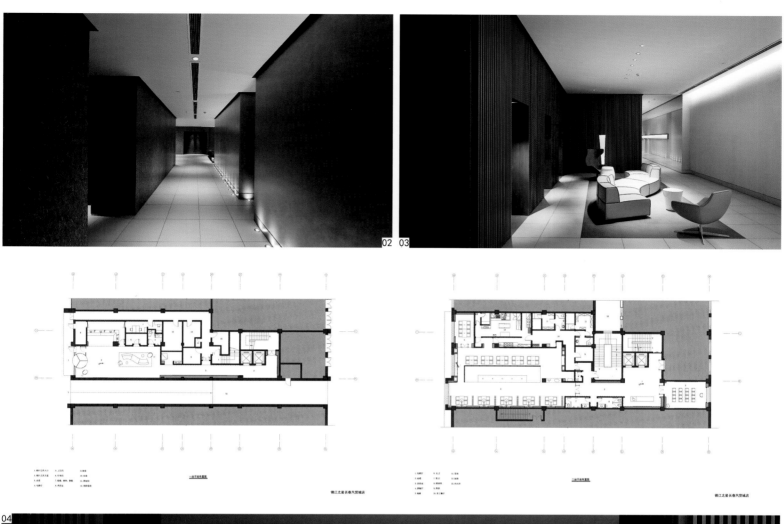

02 03

一层平面布置图   二层平面布置图

锦江之星长春汽贸城店   锦江之星长春汽贸城店

04

05-06 接待台及电梯休息间
07-09 临时休息区的现代风格沙发及摆设
10 垂直的竖线墙面装饰突出空间简约干练的气质

11-13 地灯照明丰富了简约的过道视觉感
14 作为隔断的艺术品橱窗
15-17 就餐区

16
17

01 02

JINGJIANG INN
THE CARLTON HOTEL

锦江之星–秦皇岛店

设计单位　　HYID泓叶室内设计
项目地点　　叶铮
参与设计　　熊锋、陈佳玲
项目地点　　河北 秦皇岛
项目面积　　约1,000平方米
完成时间　　2012年10月

　　本案坐落于秦皇岛东港路，是由上海锦江管理集团投资的一家中小型经济型酒店。该酒店建筑面积约为5000平方米，客房数约为120余间。

　　设计师以极为时尚的造型元素：浓郁的黑、白、红对比色调作为概念，进而打破了因功能分区造成的空间上的限制，努力加强大堂与餐饮空间的联系，在纵向上营造了一条中心主轴，并使空间的展开有效地凝聚在该中心对称主轴线上。在此主线上，设计分别设置了大堂总服务台、大块沙发休息区、开敞式门洞、桔红色玻璃盒隔

断、白色条块造型底景、大堂背景抽象画等。同时在纵向主轴的横向两翼，分别以黑色线帘的围合为背景界面，其间穿插桔红色玻璃盒作为呼应。整体空间排列，纵横有序，矩阵建构；造型语言选择，方正对位，注重比例。并且色调的对比分配，亦同步配合材质肌理的对比分配，使空间层次的有序组织，同色彩与材料的分配布置一起，共同体现了本案设计的建构概念。而灯光照明则进一步对总体空间的构成原则起到强化烘托的功能。当不同照度邂逅不同材质界面时，空间

中所产生的不同照明层次与亮度，恰好构成设计最终所需的空间体验，它完美统一了照明的功能性与表现性之间的关系。

　　酒店传递着一种略显怪异与神秘的气息，在红色与黑色中，人们体味到一丝设计的妖娆与魅惑。

01 黑、白、红为本案的基本色调
02 桔红色玻璃盒构成的隔断
03 白色条块造型的底景
04 大堂休息区

03

04

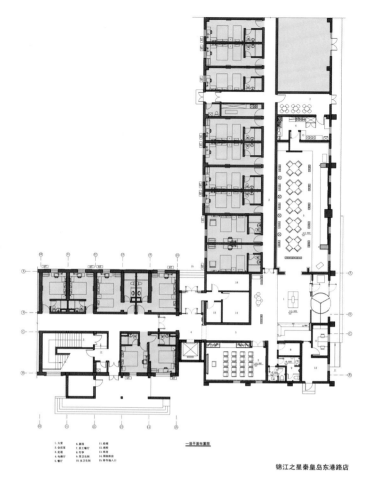

一层平面布置图

1. 大堂　　6. 厨房　　11. 走廊
2. 会议室　7. 员工餐厅　12. 电梯
3. 休息室　8. 行李　　13. 客房
4. 电梯厅　9. 客人卫生间　14. 消毒间
5. 餐厅　　10. 女卫生间　15. 停车场入口

锦江之星秦皇岛东港路店

05-06 黑色线帘穿插桔红色玻璃盒围合的用餐区
07 大堂总服务台
08-09 灯光照明下半透明的桔红色玻璃盒

05

08

09

06

07

01

JINGJIANG INN
THE CARLTON HOTEL

锦江之星－四川绵阳店

设计单位　HYID泓叶室内设计
主持设计　叶铮
参与设计　熊锋
项目地点　四川 绵阳
完成时间　2013年1月

　　本案位于四川省绵阳市中心，一层大堂平面呈船梭造形，电梯厅和卫生间等功能区，在空间中央形成一个巨大的白色独立形，同时采用黑色不锈钢镀钛线框将其分割为不同的格子，而酒店所需的各种功能就嵌入在这些格子之中。格子的局部时有红色的块面出现，借以打破了黑白灰的沉闷。

　　这种设计手法一直延续到三层的电梯厅及走道，即"强调线框对于二维空间的分割"，而在三层餐厅中，则将此概念进一步发展：强调线框对三维空间的分割。因此，在三层餐厅中会看到以黑色线框勾勒的隔断，富有秩序地排列在空间中，在隔断底部特别设计有LED照明，使得隔断中的白色渐变玻璃顷刻间变成一片片凝固的雾气。

　　在此空间中，给人的最直接的感官体验是灵动与雅致。这种体验不仅仅源自材料所带来的光洁感、轻盈感，更来源于对空间界面及细部尺寸比例的反复推敲，以及灯光的不断调试和对艺术品的精心挑选。

01　电梯厅呈现一个巨型体块状
02　黑色线框所勾勒的餐厅隔断
03　不锈钢镀钛制成的黑色线框将三层的电梯厅及走道分割为不同的格子

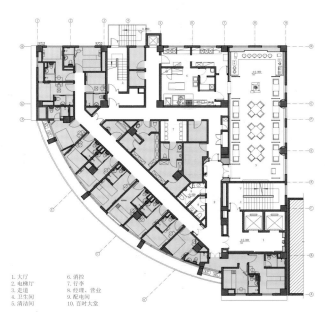

1. 大厅　　　6. 消控
2. 电梯厅　　7. 行李
3. 走道　　　8. 经理、营业
4. 卫生间　　9. 配电间
5. 清洁间　　10. 百时大堂

一层平面布置图

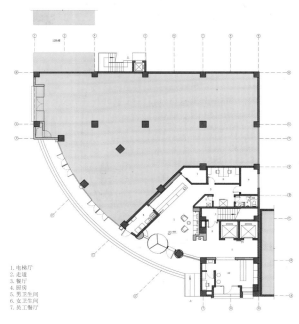

1. 电梯厅
2. 走道
3. 餐厅
4. 厨房
5. 男卫生间
6. 女卫生间
7. 员工餐厅

三层平面布置图

04 不锈钢镀钛制成的黑色线框中嵌入白色渐变玻璃制成的餐厅内部隔断

05 天花和地面的暗灯柔化了隔断的渐变

06 餐桌的细腿采用和黑色线框同样的材料，与整体环境十分协调

01 02

JINGJIANG INN
THE CARLTON HOTEL

锦江之星—无锡惠山店

设计单位　HYID泓叶室内设计
项目地点　叶铮
参与设计　郑思南、周婷婷、杨艳
项目地点　江苏 无锡
项目面积　7500平方米
完成时间　2012年10月

　　无锡，太湖边上的传统文化名域，如今已成为长三角地区经济发展最具活力的城市之一。于是，国内著名的酒店管理集团——锦江，再一次将目光投向了无锡惠山区。作为连锁经济型酒店的品牌，锦江之星已是第三次光顾该地区。同样，这又是一项建筑改建项目，建筑面积约为7500平方米，共计客房200余间。

　　身处江南富有文化传承的城市，本案室内设计从方案伊始，就力求在当代语境中表达出传统东方文化的内在气质。设计首先以富有传统象征性手法的木栅栏排线进行组织，构成空间主要的界立面形式，表达出传统中国毛笔字中"一竖"的造型概念。继而设计又在平整的吊顶界面上，刻意撕裂出一条由宽渐窄的口子，略呈圆润而凝顿的启开造型，通过暗藏灯带的反射，营造出毛笔字中"一撇"的意象造型。如此"一竖"和"一撇"的表现形式，贯穿于整体室内的公共空间之中，设计手法和谐简洁，造型运用具有新意。在色调配置中，设计采用原木的天然色泽，与深灰、黑灰色调相搭配，加上暖色的灯光照明，形成了黑与金的设计基调。这使得无锡店的设计，在沉稳有力中，蕴含着辉煌气息；于素简与自然间，建构起新派文人的"奢雅"风味。

　　为使空间更有层次与序列，室内主要公共空间被布置在二层，一层仅设置一个小门厅。入口门厅的迎面，是一道木色栅栏界面，意在将人们的视线引向室内深处。酒店的标志图案，通过木栅栏疏密有致的编排得以显示，在联接木线条的天花和地坪处，分别铺设有黑色镜面及抛光黑色地砖，使原本的竖向空间得到扩展。

步入二层,主要是大堂、休息区、餐厅、会议室、电梯厅等功能区域。一条由深色吊顶和木色栅栏排线所构成的长廊,将不同的功能区域联系成一体。长廊的顶端由大堂的总服务台开始,其设计同样沿袭了撕裂开口的泛光手法,地面上与之相对应的位置,则是一组围绕着中央大吊灯及黑镜圆茶几所构成的大堂休息区,其陈设的形态与比例,错落有致且层次丰富。其间不论是弧形沙发、沙发椅、中式圆凳,还是弧形矮柜及灯具的排列,抑或是背景中车边玻璃镜框等陈设,都经设计师反复推敲,最终形成一幅空间构图丰满和谐、又不失个性对比的画面。而透光白色线帘的背景,又虚化了立面的视觉感,突显其中心陈设的构图地位。

顺大堂长廊向前,是餐厅区与会议区。两者的吊顶都有序地排列着泛光的撇形裂口,尤其在餐厅中,这组个性鲜明的撇字造型,与中央岛式长条形自助餐台,共同组成了纵向空间的视觉延伸,并在纵向背景墙面中,以一幅抽象格子画幅作为空间序列的结尾。

05-06 围绕着中央大吊灯及黑镜圆茶几所构成的二层大堂休息区
07 深色吊顶和木色栅栏排线所构成的长廊
08 构图丰满和谐、又不失个性对比的休息区陈设
09 餐厅以抽象的格子画幅为背景

一层平面布置图   锦江之星无锡惠山开发区店

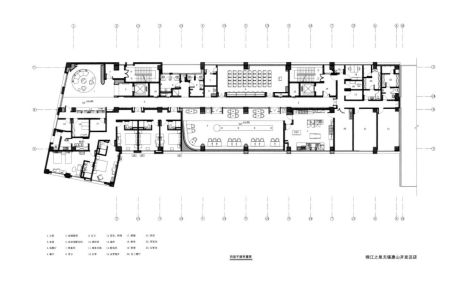

四层平面布置图   锦江之星无锡惠山开发区店

07

06 09   08

11

10-11 餐厅天花吊顶有序地排列着泛光的撇形裂口，与中央岛式长条形自助餐台共同组成了纵向空间的视觉延伸

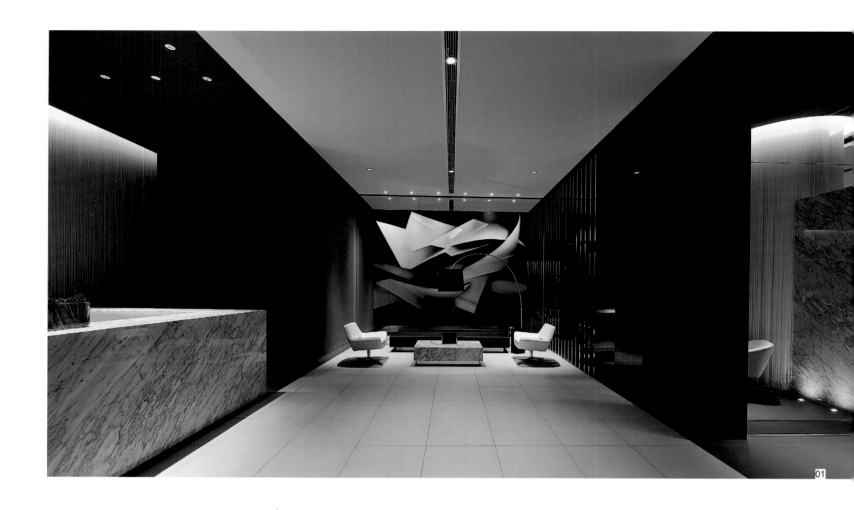

01

JINGJIANG INN
THE CARLTON HOTEL

锦江之星–成都白果林店

设计单位　　HYID泓叶室内设计
主持设计　　叶铮
参与设计　　陈佳君、马冠迪
项目地点　　四川 成都
项目面积　　约10,000平方米
完成时间　　2012年10月

　　本案坐落于成都西侧的金牛区，其建筑前身为当地的商务办公楼，如今一改而为现代时尚的经济型酒店，建筑面积约为10000平方余米，拥有多类客房，共计230余间，其中150余间为锦江之星，其余为金广快捷。

　　室内设计选用了沉稳素雅的黑白色调，挺拔硬朗的直线造型，充分使人感受到宁静理性的空间气场。材质的对比配置，又进一步丰富了黑白两极的单纯，使硬质与柔质、镜面与哑面、纹理与平洁等多样性质感有机组合，成为该室内设计的一项主要表现概念。同时，设计师针对不同的材料质感，采取了不同的照明方式与光源选择，旨在烘托空间关系的建构，并衬托材质肌理的性格显现。

　　尤其引人注目的是室内大堂中的那些抽象画，本设计以环境为重，配以适合的画面形式与色调，使其真正成为空间的视觉聚焦点。这又是本案设计的另一用心所在，让画面彻底融入于室内环境之中，画面不再是点缀，而是构成空间的重要组成部分。在此，画面对于空间的合适更胜于画面自身的意义。

　　有趣的是，这些大型画幅通过安置在大堂一侧的镜面不锈钢组合，成功地将画面内容投影到其间的排列中，由此开始重新组合图案，形成一种打碎构成般的新奇视觉效应，并随着人们视线的移动，展开了一场如光影般的画面变幻，一时间，将现实与虚幻的场合叠合为一体，使人们穿行于大堂与电梯厅之间的行程，意趣盎然。

　　从底层电梯厅进入到二层餐厅，却是另一种视觉享受。幽暗的通道引导着人们步入浪漫的餐厅环境。设计由底层硬朗光泽的不锈钢排线，一改而为梦幻虚渺式的丝丝细雨，一帘幽梦般的就餐环境扑面而来。在此，整体空间基本以白色线帘作为室内区域的分隔材料，墙面和柱身通体被线帘覆盖，在LED灯带的映照下，更显飘渺温馨，松透浪漫，并与其间穿插的黑色框架及深色背景玻璃，构成强烈的刚柔反差。

　　本设计抱着"寓精彩于平和中，丰富于单纯中"的宗旨，使竣工后的现场，能让人感受到一份设计的雅致与激情。

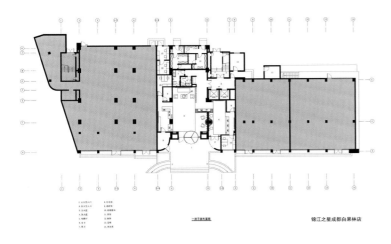

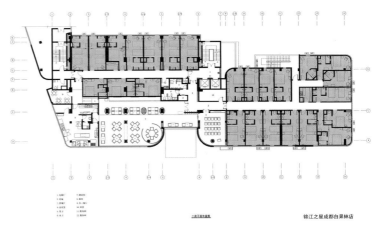

一层平面布置图　　　　　　　锦江之星成都白果林店　　　　　二层平面布置图　　　　　　　锦江之星成都白果林店

01 沉稳素雅的黑白色调营造宁静理性的空间气场
02 大堂中心墙面上的抽象画与环境彻底融合
03 挺拔硬朗的直线造型给人大气稳重感

02　03

04 餐厅入口镜面不锈钢组合的排线隔断
05 镜面不锈钢的组合映衬出层次丰富的视觉效果
06 白色线帘作为餐厅区域的分隔材料在LED灯带的映照下温馨飘渺
07 穿插在餐厅中的黑色框架和几何造型的桌椅与线帘营造的飘渺气氛刚柔相济
08 过道中间的大型画幅使大堂与电梯间的连接趣味倍增

BEIJING SHOUZHOU HOTEL

北京寿州大饭店

设计单位　合肥许建国建筑室内装饰设计有限公司
主持设计　许建国
参与设计　陈涛、欧阳坤、程迎亚
项目地点　北京
项目面积　16,000平方米

　　北京寿州大饭店位于北京市西客站北广场，紧邻长安街，离天安门广场约15分钟车程，交通便利，信息畅通，地理位置十分优越。

　　北京寿州大饭店是涉外饭店，是集餐饮、客房、会议、SPA养生会所为一体的综合性饭店，饭店设有各类客房121间（套）；餐厅共有餐位500多个，其中设有17个豪华包厢及宴会大厅；会议中心可以为您设计不同类型的会议形式；健康绿色的SPA养生会所，是您放松身心的理想之地。

01 酒店外立面
02 酒店入口以大面积的大理石铺设
03 中式味十足的大堂休息区

03

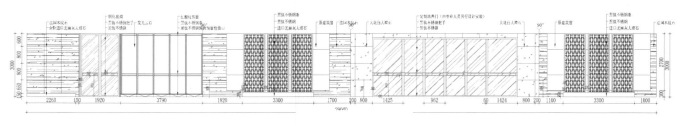

大厅立面图

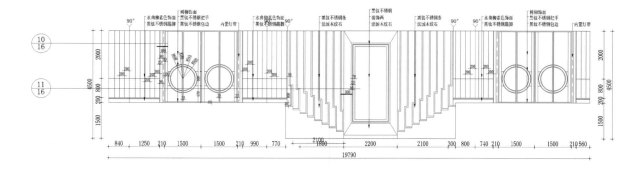

楼梯立面图

04　一层大堂接待处
05　以线条造型的椅子、吊灯及背景墙面烘托出雅致的现代中式风格
06　几何面造型的楼梯、电梯口干净素雅
07　一层大堂古雅的艺术装饰品

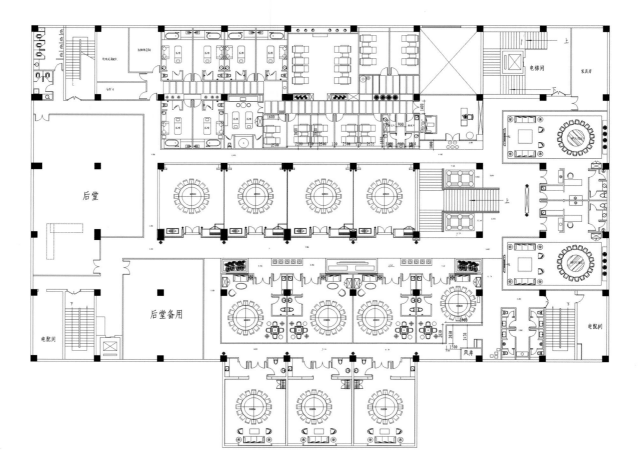

负一层平面布置图

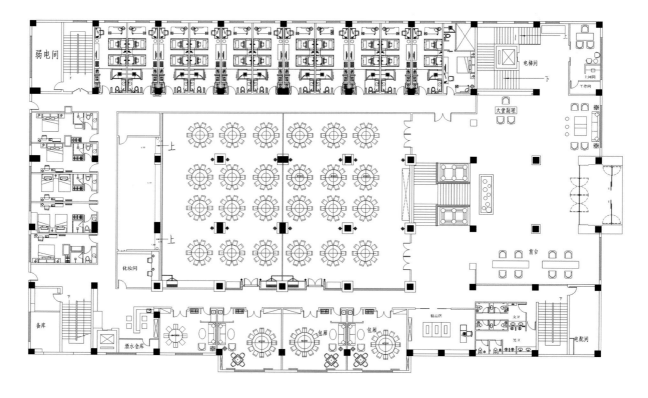

一层平面布置图

08-09 地下一层公共区域的墙体主要以木.砖结构
10-11 二层色调古朴庄重的电梯间

12 三楼电梯间
13 三楼公共区域的观景
14 古典装饰画搭配简约木制家具
15 休息区局部

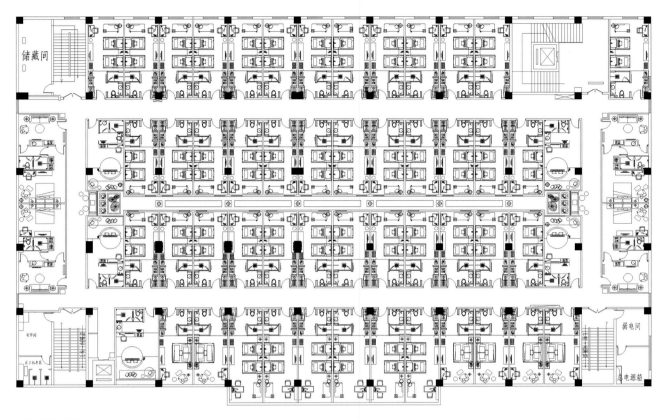

二层平面布置图

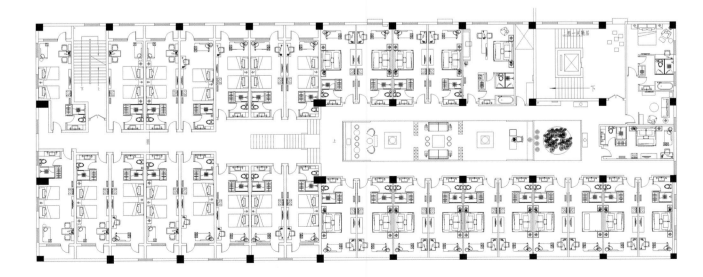

三层平面布置图

16 北京厅包房全景
17 包房内的休息交流区
18-19 配饰陈设细部
20 包房内就餐区

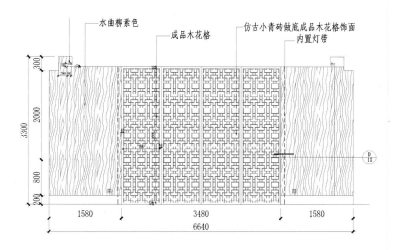

水曲柳素色
成品木花格
仿古小青砖做底成品木花格饰面
内置灯带

餐饮区域立面图1

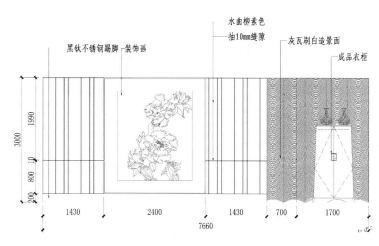

水曲柳素色
抽10mm缝隙
黑钛不锈钢踢脚
装饰画
灰瓦刷白造景面
成品衣柜

餐饮区域立面图2

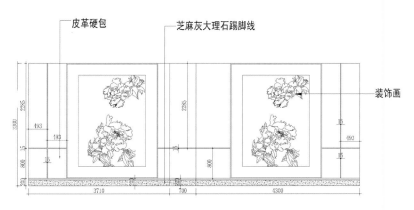

皮革硬包
芝麻灰大理石踢脚线
装饰画

会议室立面图1

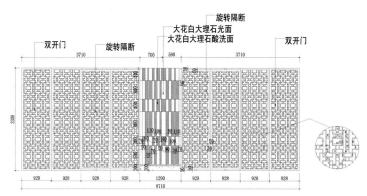

双开门
旋转隔断
旋转隔断
大花白大理石光面
大花白大理石酸洗面
双开门

会议室立面图2

18 19 20

21 寿州厅内徽派风格的装饰
22 素雅的四连包房一景
23-24 宴会厅

25　SPA入口处诗意的水池、莲花景观
26　磨盘石、老式木门、清代人物挂画营造了中式古朴气氛
27　SPA接待厅
28　SPA区过道
29　SPA理疗区

28

29

33

34

30 简约的中式客房
31-32 卫生间内砖墙结构和玻璃的搭配
古朴又不失时尚
33-34 烂漫的圆床客房

XIANGHE BAI NIAN HOTEL

祥和百年酒店

设计单位　合肥许建国建筑室内装饰设计有限公司
主持设计　许建国
参与设计　陈涛、欧阳坤、程迎亚
项目地点　安徽 合肥
项目面积　1,600平方米

　　本案以简洁的中式手法，将含蓄内敛与随意自然两种气质完美结合。中式简约风格在设计中穿插运用，不显突兀，反而呈现一种兼容并蓄的美。通过把所谓古典语汇以几何化、图像化、对比化、节奏化等方式进行转化，在线条上化"繁"为"简"；在色调上，讲究稳重而贵气的单一色彩；在空间语言传播上，主张厚重、庄严、质感、奢华甚至是"开门见山"。

　　外立面采用中式园林的手法，给人眼前一亮的感觉，整理得十分整体大气。入口则用了照壁的方式，将曲径通幽、移步换景的意境表达了出来。室内也控制得相当得当，整体的节奏以及材料和色彩都把握得很到位，女子十二乐坊的元素运用得十分生动。

　　设计师立足中国本土文化，把徽文化的博

大精深渗透于设计。设计的某些部分是徽文化的剪辑，设计师借用《兰亭序》，表现了本案的设计意境。设计界现有众多设计风格，如欧式、东欧式、泰式等，在本案中，设计师着力打破设计现状，找到属于中国人自己创新的设计风格，使人真正了解到中国人自己设计中简洁、简约、儒雅的精髓，打造具有诗人情怀的空间。在部分包厢设计当中，就餐区与休息区合理分开，休息区设有很高的天井，此环境适合大家畅所欲言，饭前吟诗作乐，欣赏天空的月亮，大有"举头望明月，低头思故乡"之情。

　　"这一天，天气晴朗，和风轻轻吹来。向上看，天空广大无边，向下看，地上事物如此繁多，这样来纵展眼力，开阔胸怀，穷尽视和听的享受，实在快乐啊！"这句话大概正是本案想体

现的完美意境吧。

01 建筑外立面采用了中式园林的构造手法
02 曲径通幽的入口
03 接待台的文字背景墙增强了酒店的文人气息
04 木门、砖墙营造出园林趣味

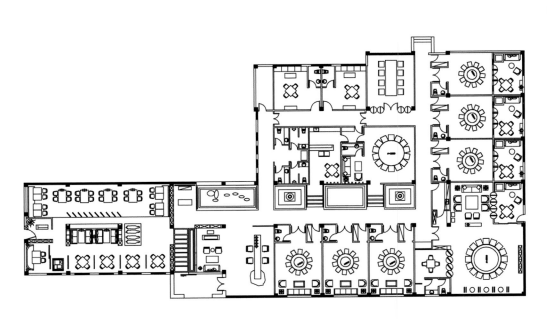

一层平面布置图

05

06

07

05 圆拱门的处理把大厅气氛拉入过厅,使人有移步换景之惑
06-07 徽派风格室内景观
08 造型生动的"女子十二乐坊"
09-10 古朴素雅的木质结构过道
11 过道天井和乐女的处理,一虚一实,从而解决了过道过于狭长的弊端

12-13　简餐区以传统的阵列手法处理古典灯具已达到
连续之美
14-15　中式古典元素的休息区
16-17　半开半合的空间处理手法

16

17

18 19

18-20 每个中餐包厢都以一种有中国传统寓意的花为主题元素

24

21-22 黑、白为主色调的大包房稳重贵气
23 包房就餐区与休息区合理分开
24 "荷花"主题的包房

25 "荷花"主题大包房
26-28 简化了的泰式风格餐厅奢华贵气

DONGDI PRIME HOMES MICRO-HOTEL
东地素舍微酒店

设计单位　7080内建筑设计事务所
主持设计　胡勤斌
参与设计　张伟超、陈建新
项目地点　广东 东莞
建筑面积　872平方米
完成时间　2012年6月

由投资方东地仓库画廊与新锐设计团队7080内建筑事务所共同合作，带来一座旧时民居改建而成的建筑群体，东莞首家桃源般的艺术主题中式现代微酒店——东地素舍，完美地将东莞城区的方便快捷与休闲胜地的安恬闲适融为一体。

改建项目对于城市发展来说，关系着现代生活的渗透以及无处不在的历史文化痕迹，前者意味着城市必然不断有新的物质和功能要素的介入，后者包含着更广泛的内容，如城市的景观和风貌、尺度和肌理等。

该项目由九个外形独立、大小各异、交错相连的院落组成，这些建筑群体现出中国民居的原乡特色。强化中心轴线，以精心设计的中轴串联不同功能的建筑群体，即便是酒店内部也将以现代中式风格来延续本地历史及文化的脉络。中轴线上的主入口为"拱门"形式，引人入胜，宾客仿佛进入桃源般心旷神怡，将喧嚣的外部都市过渡至幽静的酒店内部空间。庭院中的趣味雕塑和流水，辅之以传统青石铺就的过道、防腐木的台阶、LED灯勾勒的玻璃拦河，将不同的院落巧妙地连接起来。夜晚时分，奇特的灯光闪烁，令人体验到时光交错，昔日重来的感觉。

趣味雕塑与周边环境融为一体。设计师大胆地在空间中起用白色，将其融合到老房子里，是调和，也是冲撞。"一线天"长廊则把白色主题推到了极致。设计师利用连通上下层的楼梯间，在屋顶采用透明玻璃与原木，给白色的砖墙上洒下一米阳光。纯白的墙身透着清新的气息，复古家具、开放式吧台、供自由阅读的书架……屋内的摆设有一种信手拈来的优雅与舒适，似乎在有意召唤着渴望宁静的人们。

"东地素舍·艺术廊"是一个品鉴艺术、欣赏艺术的好去处。资方联合自身资源优势，定期更换艺术品，为艺术廊带来形式各异、理念多元的艺术作品。此外，还将定期举办艺术沙龙、画展，以飨各位贵宾高朋。

"东地素舍·茶艺室"传承中国古典意象，用红木家具和水墨书画装点空间。此外，茶艺室

01 酒店改造自旧民居建筑群
02 主入口的趣味雕塑
03 酒店沿用了旧居的砖墙、瓦顶

也是一个多功能厅，可以满足14人以下专属和私密的会议、聚会及餐宴。

豪华套间的设计尊重民居的原有结构，保持院落的传统精神，同时在设施方面有限地融入新世纪的国际标准，体现现代生活风尚。自然材料的选用意在营造一种既精致又闲适的氛围：极具创意地把海南三亚细沙布置在客房内，让您足不出户，也能享受到"椰林树影，水清沙幼"的热带风情。此外，在主题客房中添设了私人影院，也可以作为KTV包间，可给您带来多方位的感观享受。

"私房菜馆"设有中式包厢和日本榻榻米式包厢，典雅、私密的用餐环境，与独具一格的佳肴交相辉映，让您体验难以忘怀的美食之旅，是宴请、雅集、会友的最佳选择。还有俯瞰整个下坝坊的楼顶餐厅，这是附近海拔的最高点，凭栏放眼望去，全是低低矮矮透着古灰色调的旧民居，和都市严严密密的楼盘带给你的压抑感不同，这里是夹杂着人间烟火味儿的闲适自在。

一层平面布置图

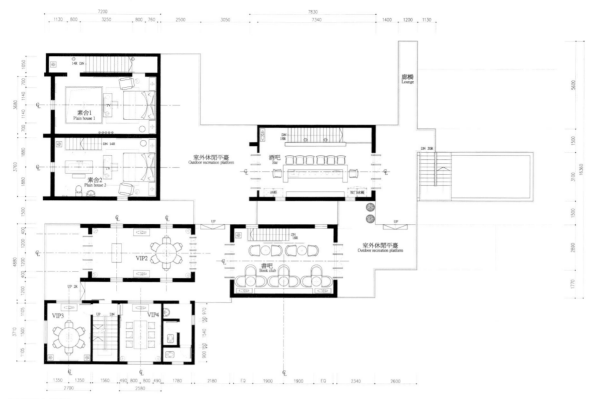

二层平面布置图

04 连通上下的玻璃扶栏给古朴的老建筑群注入了新鲜元素
05 主入口处大榕树
06 老房子的很多结构和肌理被保留了下来
07-09 夜景下的建筑外景

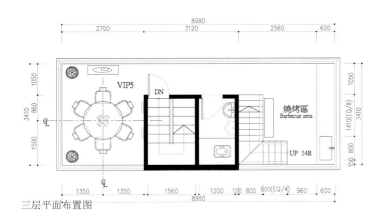

三层平面布置图

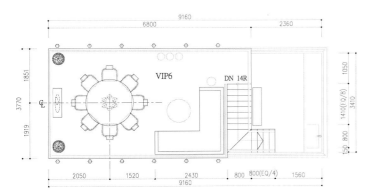

四层平面布置图

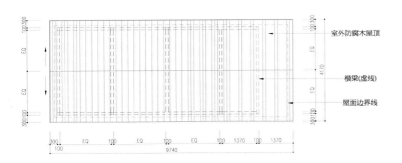

室外防腐木屋顶

横梁(虚线)

屋面边界线

顶层平面布置图

08

09

10 红酒廊
11 红木家具与水墨书画装点的茶荟坊
12 茶荟坊里的中式隔断
13 艺术品商店
14 艺术廊

15 古朴气质的私房菜馆入口
16 私房菜馆包房
17 古灰色调的中式包厢
18 百叶窗增加私密性的同时也使得包房更显素雅气质

01 02

METOO HOME
蜜桃小院

设计单位　杭州观堂设计
主持设计　张健
项目地点　浙江 杭州
建筑面积　300平方米
完成时间　2012年9月

　　蜜桃小院是蜜桃系列最新推出的小型客栈，坐落于杭州灵隐风景区内的白乐桥村。

　　设计师本身为蜜桃小院的业主之一，改造这样一个农家小院的初衷，是希望在山清水秀、空气独好的灵隐景区内，为自身寻找一个可以完全放松的世外桃源，同时可以对外经营。因此蜜桃小院的选址非常讲究，在白乐桥村的紧里头，地势较高，背倚大山，丛林环抱，眼前是郁郁葱葱的绿色，不受周围农家的干扰，非常幽静，步行十来分钟便可到达著名的灵隐寺。

　　在设计过程中，首先对原本格局不够合理的农家小院进行拆建改造，并重新加固。同时将已有的门洞顺势改造为圆拱门，富有浓浓的度假气息。

　　小院里处处透露出设计师环保、回收再利用的理念。入门小厅处的花砖是民国时期的舶来品，用于私宅，旧城改造之际设计师从各处辗转找到这批花砖，并采购回收后铺在小院的厅前，别有一番风味；小厅右侧墙面上的拼贴装饰，是利用废弃的工业器械拆成的零散部件，并请来设计师朋友即兴发挥，拼贴而成；吧台上部的吊灯延续了蜜桃餐厅的一贯风格，将回收的工业时期老灯盏一一寻来，按统一高度间隔悬挂，悄悄地诉说着历史的故事。

　　一楼餐厅和厨房的顶部采用各式回收木料装饰，既避免白色过于单一，又极好地隐蔽了顶部的布线、照明等排布。

　　小院一共有五个房间，一楼一个，二楼四个，房间的设计追求质朴风格。白色肌理墙面、回收木地板、木梁顶，配以东南亚纯柚木家具，并选用100%全天然亚麻床品，一个环保、舒适、自然的心灵放松的地方就这样悄悄地静卧在山林里。

　　难能可贵的是小院拥有一个与建筑面积同等大的院子，铺上回收的青石块与木地板，种上各种花花草草，宾客可在阳光明媚或烟雨蒙蒙的日子里，坐在桂花树下，泡上一壶龙井，听着山间虫鸟鸣叫，与朋友低声细语，徜徉在美好的生活中。

03 04

01 蜜桃小院藏身于丛林环抱的灵隐风景区
02 改造自一个农家小院
03-05 小院的布置透露出浓浓的度假气息
06 小院拥有的大庭院是休憩与闲谈的理想之地

05 06

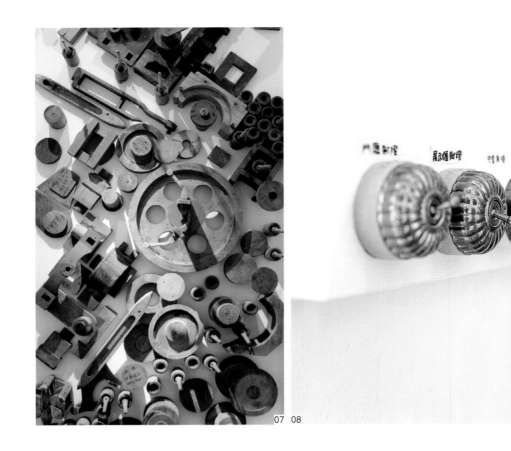

07 08

07 废弃的工业器械部件拼贴成的装饰墙面
08 自制开关
09 屋内的家具和摆设大多来自回收再利用的废旧材料
10 一排造型各不相同的吊灯增加了趣味性

09

11 餐厅顶部采用各式回收木料装饰

12-15 餐厅与厨房细部

16-18 白色肌理墙面、回收木地板、木梁顶的搭配让卧室自然、宁静地静卧在山林中

W RETREAT & SPA
BALI - SEMINYAK

巴厘岛W度假酒店

设计单位　AB Concept
主持设计　伍仲匡、颜学添
项目地点　印度尼西亚 巴厘岛
项目面积　31,000平方米
完成时间　2011年

为配合酒店一贯大胆创新的路线，AB Concept在巴厘岛当地传统设计上融入了新的概念。设计师将鲜明的色彩、独特的建筑轮廓和传统的设计相结合，营造出一个高品质的时尚空间。

W度假酒店座落于巴厘岛著名的塞米亚克（Seminyak）海滩，是岛上顶级餐厅、艺术廊及商店云集的潮流胜地。酒店楼高四层，占地31,000平方米，设有232间客房，以及79间拥有1至3间客房的独立别墅，尽显豪华气派，也令这个地区倍添色彩。

酒店设计的瞩目点是大堂和开放式客厅。设计师利用巨型沙发床和飘逸的窗帘营造出雅致写意的氛围，而夸张的曲线加上夺目的灯光效果，则尽显其大胆创意。采用巴厘岛常见的水磨石作为建筑材料，在设计上体现了对当地传统文化的崇高敬意。

开放式酒店大堂配备自然通风设施，保持空气流通的同时也令室内外融为一体，增强了空间感。藤制灯罩模仿塔顶的形态，水磨石地砖呈现细致的叶脉图案，与闪烁的贝壳装饰相映成趣。

酒店的设计灵感源自巴厘岛醉人的自然色彩，设计师把握每个机会，呈现出扣人心弦的沿岸景致。主色为印度艳红色的大堂和湖水绿色的客房，也和当地的大自然气息相呼应。

绣了叶脉图案的布料床铺材料、从浴室的天窗透入的自然光、书房内以热带木材和当地火山岩雕制而成的家具，均力求尽打造客房高贵典雅的格调。

酒店内79间豪华别墅设有户外空间及私人泳池。多间别墅采用落地玻璃设计，与绿油油的园景合为一体，其中一间最大的三套房别墅更设有巨型户外浴缸，提供别具一格的体验。

01 酒店大堂叶脉图案的水磨石地砖和天花灵感来自巴厘岛
02 W 商店
03 一字排开的沙发床给住客和到访宾客提供了舒适的休憩空间
04 灯光效果夺目的背景墙
05 简约风格客厅休息区

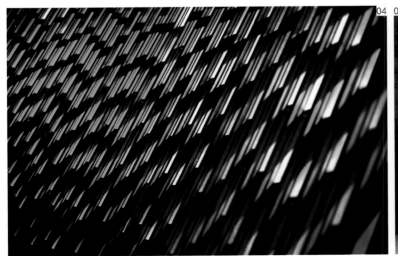

09

10

11 面积约66平方米的E-WOW套房以蓝色的海洋为主题
12 E-WOW套房卧室
13 通往E-WOW套房的弧形过道
14 面向印度洋的水疗区与醉人的海景合为一体
15 E-WOW套房浴室

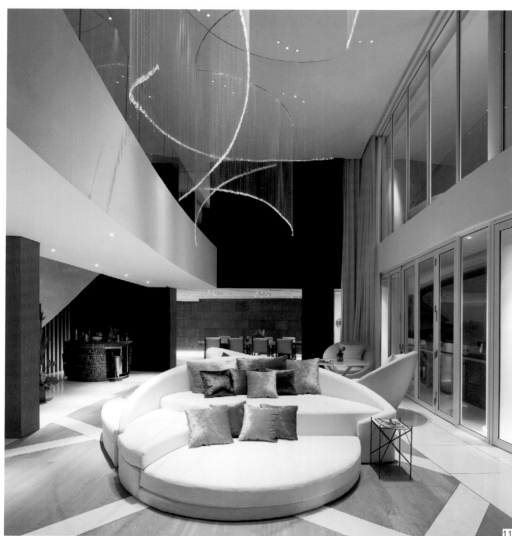

14

15

16

16 景观客房内叶脉图案的床铺布料让整个空间清新自然
17-18 自然光从浴室的天窗透入
19 灯光的营造让浴室在夜景下呈现出浪漫的效果
20 景观客房局部

17 18

19

20

01 02

FOUR SEASONS HOTEL GUANGZHOU
广州四季酒店

设计单位　Hirsch Bedner Associates
艺术顾问　Canvas Art Consultants
项目地点　广东 广州
完成时间　2012年

广州四季酒店位于最新的地标建筑广州国际金融中心的顶部，占据整个建筑三分之一的楼层。酒店的挑空大堂坐落于第70层，客房及餐饮楼层则伸延至第103楼，居高临下，坐拥天际线美景。这幢造型简洁的大楼，呈下阔上窄的三角锥形，其玻璃外墙以对角柱栋结构支撑，而纹理则在建筑物内墙展露出来。

优雅明快的线条向上伸展，充满韵律，向着太阳，仿佛在茁壮生长。HBA旗下附属艺术顾问公司Canvas Art Consultants与HBA设计师携手合作，使充满时尚格调的商务酒店环境华丽转身为展示当代艺术品的空间。设计师以一年四季的各种形态及色彩交替为主题，构思出了艺术整体

效果。Canvas透过多种表现形式、材质、艺术风格及艺术品，将独特艺术眼光投射在别具一格的纹理、形态及图型上。整个系列代表着生生不息，由大堂的春天，一直向上进化成夏秋两季，最后冬天翩然降临在大楼顶部。

挑空大堂的设计为整座酒店立下基调。这是一个高耸向上的三角形中庭空间，跨越30多层，直至顶部阳光充沛的天窗。世界著名艺术家Matthew Harding打造的三米高不锈钢雕塑，堪称大堂中令人瞩目的焦点所在。作品优雅流畅，外形犹如种子，呈现出活力澎湃的红色，散发出一股崭新的朝气，象征着新生命的来临。尽管体积庞大，但它却轻盈得仿佛前一刻才轻轻降落在

黑色平台上似的，而平台本身则是一个光滑如镜的优雅水面装饰。

Canvas 也与客户指定建筑师合作，创造出一系列面积近半个足球场大的巨型幕墙，其所营造的手风琴页效果，与HBA室内设计的不规则线条形成强烈对比。幕墙上的图案灵感来自春日稻田，饶富趣味地捕捉了幼嫩禾稻萌芽滋长的时刻。视线一路向上移动，眼前展现出金黄色的成熟稻穗及收割的情景，以至白米储存在仓库内迎接冬日来临的景象。这些设计精密、呈多面切割且质感丰富的幕墙，与建筑物的不规则多角设计完美辉映，大大增加了整项艺术展示随四季推进的强烈效果。

03

01 酒店接待前台
02 具有纹理设计的大堂背景
03 大堂下阔上窄的空间结构

04 室内结构仰视特写
05 大堂中央红色艺术雕塑
06 当代艺术品装饰的走廊
07-08 SPA中心走廊局部特写
09 光影变幻的背景墙映衬大堂接待台

06
07
08
09

10 日式风格餐厅
11 电梯间优雅魅惑的色调
12 休息区
13 贵宾休息室
14 宽敞气派的宴会厅

15

15 SPA休息室的景观阳台
16 SPA中心游泳池
17 客房

16

17

01

THE WESTIN NINGBO

宁波威斯汀酒店

设计单位　HBA/Hirsch Bedner Associates
项目地点　浙江 宁波
完成时间　2012年1月

　　宁波字面意思为"宁静的波浪"，HBA设计团队由此获得创作灵感。室内空间恬静舒适，并采用简洁的当代几何元素，为酒店缔造出宁谧的感觉。步入酒店后，宾客即可看见缀以华丽木饰面的浅米色云石。公共空间、卧室及水疗中心则选用带点中性的暖色调作装饰，明亮却柔和的灯光有助营造轻松感。

　　HBA联席行政总裁Ian Carr表示："我们希望为宾客提供一个世外桃源，让他们在繁忙生活之中身心舒放、神清气爽。我们注重各项细节，确保宾客在酒店所度过的每一刻都称心愉快。"设计借着曲面空间及柔和灯光，让人心情平静放

松，同时选用鲜明的色调，给人清新宜人之感。

　　酒店客房：所有客房皆精心打造，以配合威斯汀品牌对舒适享受所订下的卓越标准。设计揉合了简洁流畅的当代设计，以及豪华舒适的家具及布艺装饰。其它特色如具现代感的工作桌及情境照明，让宾客既能提高办事效率，还可以稍作休息。

　　餐饮设施：酒店共有六个不同的餐饮场地，其中供应宁波驰名海鲜佳肴的粤菜馆Zen5es为焦点所在。该餐厅划分为两层，清凉的灰蓝色调令人联想起汪洋大海。餐厅格局设有私密用餐区域，配备轻松舒适的座位，并缀有灯笼等传统

元素。

　　水疗中心：HBA为酒店的威斯汀天梦水疗中心设计出奢华空间，让宾客享受极致放松的体验。该设计是从宁波作为海上丝绸之路港口的历史中获得的灵感。

　　会议及活动空间：酒店的会议及活动场地面积广达1,365平方米，以满足酒店在不同场合需灵活运用空间的要求为首要目标。可调整大小的豪华宴会厅可谓设计工程的一项壮举，将可活动操作的墙面巧妙地隐藏在大型通花墙板后面，实用性与美感兼备。

01 大堂吧
02 酒店入口
03 金属造型的当代艺术装饰
04 楼梯采用了简洁的几何元素

05

06

05 日式餐厅
06 灰蓝色调的粤菜馆令人联想起汪洋大海
07 自助餐厅
08 串联起来的漂浮装置艺术品成为餐厅的一道景观

07

08

11

09-10 大面积的大理石铺设让餐厅高贵干净
11 水疗中心的休息区以布艺及木料布置
12-13 室内泳池

12 13

14

15

14 抽象的现代画增加艺术气息
15 休息区
16 客房简洁流畅的当代设计风格
17 大红色的中式古典家具使客房的韵味倍增

16

17

01

CHANGZHOU KAINA BUSINESS HOTEL

常州凯纳豪生酒店

设计单位　（GIL）香港五斗米馆国际有限公司
主持设计　徐少娴
项目地点　江苏 常州
项目面积　15,500平方米
完成时间　2011年10月

大堂天花线条流畅的造型，配以发光灯箱夺目耀眼的光芒，与立面的墙体造型相呼应，营造出富丽堂皇的视觉效果；位于大堂中央的水景设置为整体空间增加了生动而优雅的独特氛围；接待处相对简约的设计及简约的线条，种种设计似乎在讲述着客人们的行程。

餐厅：酒店不同风味的特色餐厅使整个酒店彰显了其独特性。不同功能的餐厅在整体风格上保持统一，但同时又通过不同设计元素的使用保持了每个空间独特的特色，独特的装饰饰面设计、和谐的色彩搭配、大幅的画面、凸起的木饰面墙壁、与柱体色彩的交织、餐厅中的光柱与天花独特的立体构成，及独享的户外光线为各种餐

厅增添了许多进餐的氛围。

大堂酒廊：大堂酒廊可为宾客洗除一天的工作劳累或进行旅行庆祝提供了好去处。开放式的酒廊、独特造型的圆型石柱、大堂酒廊中央大堂吧、宛如衣裙的水晶灯饰悬于空中，构成了大堂酒廊特有的空间。设计师大胆地运用了张扬的空间互补色，使整个酒廊空间错落有序，彰显了整个空间独有的趣味性。设计师灵活地捕捉了流动人群，形成了三维一体的画面，让宾客不只是在视觉上、听觉上独享，更多的是使宾客内心深处得以完全放松。

日式餐厅：日式餐厅运用简洁的线条，抽象的树叶图案刻画在多处玻璃墙上及隔屏上，令

客人留恋于虚幻与真实之间。地面装饰中，无论
是石材拼花还是质量上乘的地毯，均精心选用了
不同深浅度的深啡色，锈红与金黄色的树叶相呼
应，描绘出了代表日本传统的、犹如秋天落叶缤
纷的浪漫景象。

中餐厅：设计师很好地把握了常州的人文风
情。中餐厅入口就能感受到历史画卷赋予的中国
式风情。特制的吊灯配以色彩炫丽繁复的地毯，
营造出典雅而富丽的中式氛围。包房内别致的家
具摆设，也由设计师进行了精心的设计，造型古
朴而设色华丽的柜子、金属面的屏风、气势磅礴
的水晶吊灯，及香槟色的桌布铺设，构成了中餐
厅雍容华贵的独特风格，使整个空间内外拥有更
高层次的视觉享受。

宴会厅：宴会厅内宽敞的空间，可灵活地划
分为多个小宴会厅，或合并为大宴会厅，可容纳
多人同时就餐，这样一个大空间，为整个设计团
队提供了更多的想象空间。别致的组合水晶吊灯
配合稳重的墙饰面及色彩强烈的地毯饰面也是设
计师的独特设计。和谐自然，统一而丰富的室内
空间，为大型宴庆及企业会议提供了优质便捷的
环境。

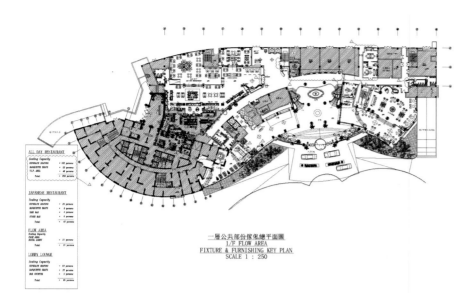

一層公共部份傢俬總平面圖
1/F FLOW AREA
FIXTURE & FURNISHING KEY PLAN
SCALE 1 : 250

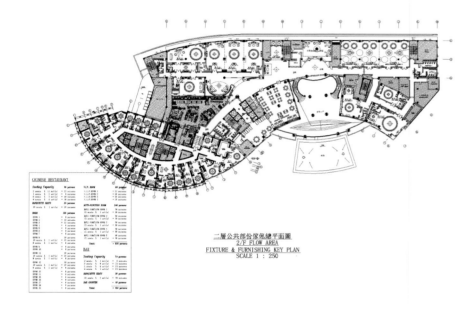

二層公共部份傢俬總平面圖
2/F FLOW AREA
FIXTURE & FURNISHING KEY PLAN
SCALE 1 : 250

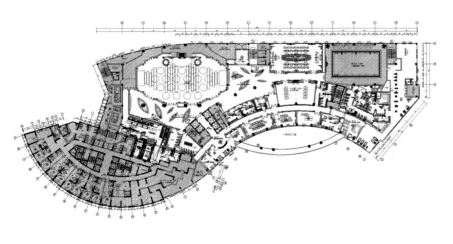

三層公共部份傢俬總平面圖
3/F FLOW AREA
FIXTURE & FURNISHING KEY PLAN
SCALE 1 : 250

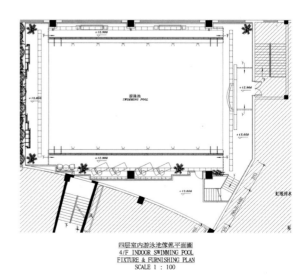

四层室内游泳池傢俬平面圖
4/F INDOOR SWIMMING POOL
FIXTURE & FURNISHING PLAN
SCALE 1 : 100

06 稳重大气的会议厅
07 组合水晶吊灯配合稳重的墙饰面让宽敞的宴会厅丰富而统一
08 私人包房
09 室内游泳池

08

09

HILTON HANGZHOU
QIANDAO LAKE RESORT

杭州千岛湖滨江希尔顿度假酒店

设计单位　IVAN C. DESIGN LIMITED
主持设计　郑仕樑（Ivan Cheng）
项目地点　浙江 杭州
建筑面积　56,000平方米
完成时间　2011年7月

　　杭州千岛湖滨江希尔顿度假酒店位于有着"天下第一秀水"美誉的千岛湖湖畔，依山面湖，是千岛湖拥有最长湖岸线的国际酒店。

　　酒店总设计面积约5.6万平方米，由七座楼宇相连而成，错落有致，拥有349间客房及套房，通过私人阳台可以远眺烟波浩渺，近看碧水环绕。酒店区域包括酒店大堂、大堂吧、全日餐厅、泛亚餐厅、中餐厅、总统套房、会议中心、宴会厅及前厅、健身中心、康乐中心、游泳池、客房区等。

　　杭州千岛湖滨江希尔顿度假酒店犹如一篇华美诗篇，以"水"起意，设计中不时蕴含"水"的概念，各区域或浓或淡的水纹图样，时而微波荡漾，时而涟漪浮动，时而波澜起伏，柔和、随

性。设计中如"水"包容万象，涵盖金色、红色、咖啡色等色调，个性、时尚元素凸显，怦然心动的感受起伏于胸；将新中式、简欧现代、东南亚色彩的艺术摆设点缀其间，时而高亢，时而低吟，韵律丰富多彩。用材考究、多样，精选东南亚名贵石材、天然木料、真皮、高级丝绒布匹、环保乳胶漆等，让光面玻璃与雕花玻璃同台竞放，以晶莹玉石点缀时空，带来多样化的格局冲击。所谓风格也自成一家，不再是单一的现代风格，或新古典、或艺术装饰风格（Art Deco）、或简欧风格，多样化的格调，赋予酒店多样化的幻境。信步其间，如诗般的文化底蕴飘然若现；漫步于"艺术长廊"，不时品味世间艺术万象，如梦如幻！

01 酒店大堂面向千岛湖面
02 以金色、红色、咖啡色为主色调的大堂金碧辉煌

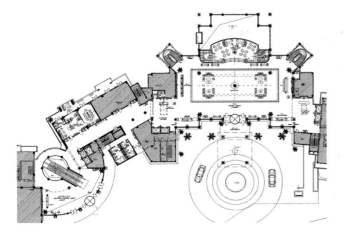

首层平面布置图

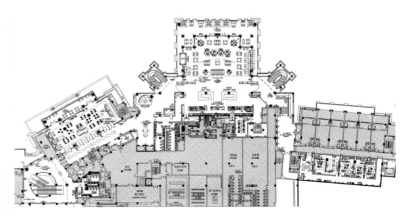

地下二层平面布置图

03 双层大堂
04 大堂吧
05 中餐厅
06 中餐厅入口
07 中餐厅电梯厅
08 中餐厅走廊

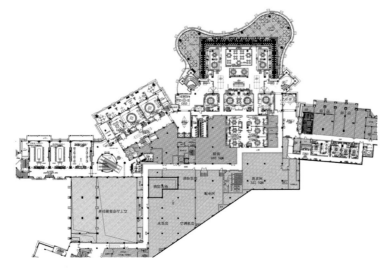

地下三层平面布置图

09 全日餐厅夜景
10 泛亚餐厅
11 泛亚餐厅
12 宴会厅
13 宴会厅前厅
14 健身中心更衣间
15 客房走廊

地下四层 (B4) 家俱平面圖 (吊层一层)
B4/F FIXTURE & FURNISHING PLAN
SCALE 1：200

地下四层家具布置图

12 13

14 15

2013 中国室内设计集成
CHINESE INTERIOR DESIGN COLLECTION

「餐 饮」
RESTAURANT

01 02

CUISINE CUISINE BEIJING
北京国锦轩

设计单位　HASSELL
项目地点　北京
建筑面积　2,700平方米
完成时间　2011年

　　北京国锦轩位于北京CBD区的国际金融中心内,是一家顶级粤港精膳食府。北京国锦轩是香港米其林二星级粤膳食府——国金轩在中国大陆地区的旗舰餐厅,北京国锦轩承袭了香港国金轩的优良传统,以美味与健康并重的精致粤膳、丰富的藏酒库、华丽而具空间感的设计、独立私密的空间以及细致殷勤的服务,带来极尽讲究的餐饮享受。

　　北京国锦轩位于北京市中心中的中心,故此案以"中中之中"作为设计概念。3000平米的空间设有17间贵宾包房,可容纳约240位宾客。北京国锦轩选用三种能够代表北京当地特色历史文化的颜色,代表王府文化的金色、官府文化的红色,以及象征胡同里多年流传着的北京民间生活文化的灰色调。设计师凭借对中华文化理解,

把这三种极具视觉冲击力的颜色巧妙地融合在一起,再运用这三种纯色各自的象征意义,来突显出北京国锦轩作为一个北京现代中餐厅的文化传承特点。设计利用不同的材料和质感,深化并突出了金色、红色和灰色各自包含的自身寓意。如贵宾房天花板上的巨型刺绣画作是雍容华贵的金黄色;包厢里整面的皮革墙是喜滋滋的红色;用来演绎城墙和传统四合院的则是灰色调景观等。三大主色调的巧妙运用,让人一踏进北京国锦轩就能够感受到浓郁的京韵文化氛围。

　　餐厅的规划给宾客提供了更多灵活用餐的机会。宾客可以选择在设计得像一个偌大庭院的开敞式大厅内用餐;也可以选择在凉亭垂帘下的半开放空间里与朋友谈天叙旧;还可以选择在其具私密性的贵宾套房里宴客。其中,最具特色的一

组空间设计,是灵感来自于北京四合院中间公共活动区域的"半开放式用餐区"。墙面用金色的叶子、红色的花卉和灰色的小鸟来点缀与装饰,打造出京城大户人家后院般舒服自在的用餐环境。

03

01-02 餐厅入口
03-04 接待前台
05-06 半开放式休息区

07

07 半开放式用餐区
08-10 餐厅墙面精致的装饰与点缀
11 餐厅过道

12 13

12 用餐区的墙面用金色树叶来装饰
13 灰色调的过道
14 大厅红色的艺术雕塑
15-16 包房局部

14

15 16

19

17 贵宾房天花板上的巨型刺绣画彰显雍容华贵
18 包房
19 茶歇区
20 餐厅很多小景观营造上都运用了象征北京胡同文化的小鸟
21-22 刻有传统中国式纹样的门
23 包厢里整面红色的皮革墙

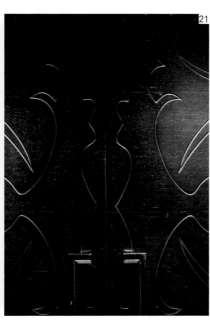

01 入口处算珠创意门帘
02 自然光线下明亮的餐厅

RADISSON BLU HOTEL, SCOOZI RESTAURANT AND TWENTY-SIX IN LIUZHOU

柳州丽笙酒店意大利餐厅及26酒吧

设计单位　Aedas Interiors
主持设计　Greg Farrell，Katie Yeung
项目地点　广西 柳州
建筑面积　835平方米
完成时间　2011年底

位于柳州丽笙酒店顶部26楼的Scoozi意大利餐厅和26酒吧坐拥独一无二的柳州市全景。受酒店运营商Carlson Rezidor之邀，Aedas室内设计特别参与到此次酒店高级餐厅和酒吧的项目设计。设计纲领指明要在26楼打造完全异于酒店其他部分的外观和感觉，Aedas的室内设计师Greg Farrell和Katie Yeung试图设计出一个具有些许戏剧效果的精致豪华空间，并在设计过程中进一步将其发展演变为"歌剧院"主题。

歌剧院的体验之旅从电梯抵达26层开始，迎面是两扇带有算盘珠创意的门帘，整个门厅因逆光而略显朦胧。移步向里是高大的具有戏剧感的天鹅绒窗帘。步入中庭等候区域，空间两边排列着全长度宏伟的葡萄酒展示架，突出了令人惊叹的双重高度空间，造出一个戏剧性的视觉效果。一个闪闪发光的串珠帷幕从中庭天花板降落而下，枝形吊灯笼罩着贝都因风格的四柱式沙发床。中庭的对面入口通向Scoozi餐厅和26酒吧。

白天，自然光充溢使得整个Scoozi餐厅明亮如镜，晚上却转变成为惬意温暖的情绪空间。意大利雪花白大理石地板与深色木地板的反差，对比出餐厅的光滑洁白。在色调处理上的有意淡化，凸显了餐厅布置的明亮清新。悬挂在天鹅绒窗帘内衬墙壁上的金箔叶片边框艺术画，不经意间点缀出餐厅的奢华感和魅力。精选木制艺术边框镶嵌的窗台，与金箔叶片的边框相互辉映，使整个空间大放异彩。

26酒吧亦是一个变幻无穷的空间。宝蓝色调搭配深色原木地板，加上地毯铺就出一个适合夜色小酌的慵懒氛围。和Scoozi餐厅同样，酒吧区域也有一些分散的金箔叶边框平板电视。休息室配有单人沙发，豪华座椅和舒适的靠垫，在点燃的烛光和壁炉映照下弥散着暗似玛瑙的朦胧。

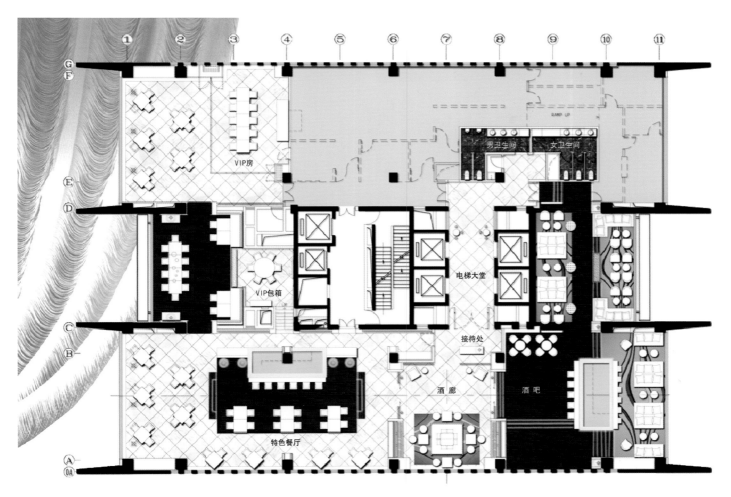

平面布置图

03

03 歌剧院效果的中庭双重高度空间
04 中庭天花板悬挂的枝形吊灯
05 酒吧雅座
06 吧台
07 酒吧壁炉

08 从酒吧内部看大堂空间
09 餐厅中庭入口
10 餐厅局部

SHANGHAI PART HYATT HOTEL, CENTERY 100

柏悦酒店世纪100餐厅

设计单位　　季裕棠
项目地点　　上海
建筑面积　　2,000平方米

餐厅位于上海柏悦酒店的 91-93 层，在建筑和概念上都是独立的实体，主设计师季裕棠解释说："它们有着不同的节奏、不同的能量。彼此互不谐调。"

餐厅设计中沿用了柏悦酒店典型的空间风格，创造了著名的、不合常规的、出人意料的建筑。设计的灵感来自中国传统的山水画，创造"云中山舍"意境。第91层让人想起覆盖着苔藓的山路，镶嵌者缟玛瑙和大理石瓷砖。墙壁是巨大的石膏涟漪浮雕，令人回味起雨后水滴落入流动的池水。令人印象最为深刻的是环绕核心中庭挑空而建、空气清新的第92层和第93层，形成了非凡的3层中庭结构。举头望去，一个完全由竹子和宣纸制成的、宏伟的32米银河艺术品填补了东面餐厅的广阔区域。

01 高挑的中庭结构
02 大面积玻璃天花极好的光照效果
03 吧台

04

04 天花上悬挂的银河艺
术品纵贯餐厅
05 吧台墙壁上巨大的石
膏涟漪浮雕

05

01

TEMPLE RESTAURANT BEIJING
北京TRB餐厅

设计单位　　HASSELL
项目地点　　北京
建筑面积　　2,700平方米
完成时间　　2011年

　　北京TRB餐厅位于北京嵩祝寺，这个寺院有600年的历史。院里保留有原来庙宇的建筑，也有解放后新建的工厂。TRB餐厅的重建和维护工程开始于2008年，旨在保护所有的历史遗迹和尽量保持建筑的原始结构。

　　设计师以简洁、明亮和现代的线条更好地展现了北京TRB餐厅的独特气氛。餐厅坐北朝南，原建拱形入口与餐厅巨大的落地窗形成了强烈的对比。餐厅内休闲酒吧的天花沿袭了原建筑的木梁结构，青铜色金属酒架与水泥吧台在材质和色彩上巧妙的搭配，给人视觉上舒适与美的享受。餐厅部分以暖灰为主色调，宽阔高挑的空间既突出了法式西餐的高雅，又让宾客在享受美食的同时欣赏庭院美景，不知不觉间被其典雅的环境熏陶，放松惬意。

01　餐厅外墙上巨大的落地窗
02-03　餐厅地处的嵩祝寺保留有原来庙宇的建筑
04　餐厅内景

02 03

04

05-06 宽阔高挑的空间突出了法式西餐的高雅
07 休闲酒吧
08 休闲酒吧的水泥吧台丰富了暖色调空间的质感
09 简单时尚的餐区一角

ASSAGGIO TRATTORIA ITALIANA
Assaggio意大利餐厅

设计单位　　HASSELL
项目地点　　香港
建筑面积　　600平方米
完成时间　　2011年

Assaggio餐厅位于香港的艺术枢纽——香港艺术中心6楼，视野开阔，维多利亚港全景在这里一览无遗。当顾客走进Assaggio意大利餐厅，即被入口处的披萨与意面吧台所吸引，醒目的艺术品置于乡村风格的石材饰面之上，深色调木纹营造出沉着且愉悦的用餐环境，让人联想到舒适而友好的意大利食品专卖店。意大利文"Assaggio"解作"品尝"或"一口"之意，设计概念意在打造一个"用餐舞台"，来充分展现一种意大利杂货店式的舒适惬意氛围。粗糙的烧面砖、深色木地板与色彩鲜明的艺术品让食客暂时摆脱繁忙的都市生活，进入一个舒适放松且富有艺术气息的生活状态。

01-02　餐厅着力营造"意大利杂货店式"的惬意氛围
03　靠墙的餐桌既节省了空间同时又可饱览维多利亚港的美景
04　餐厅内景

02 03

04

05
06

05 餐厅内景
06 全落地的玻璃窗给餐厅提供了充足的自然光线
07 乡村风格的吧台
08 包房内复古的装饰风格独有韵味

01 02

HANGZHOU JADE GARDEN
苏浙汇餐厅杭州万象城店

设计单位　PAL设计事务所有限公司
主持设计　梁景华
项目地点　浙江 杭州
项目面积　930平方米
完成时间　2012年

本案座落于杭州市极具现代化风格的规划新区，在大型商场万象城之中，吸引周边的年轻一派。设计师以"春日江南绽放的桂花"为主题，呼应了上海菜的苏浙韵味，并利用鱼形设计为次要装饰元素，以优雅的规划打造浓郁的江南风情。

餐厅层高达六米。设计师以桂花为主线，入口位置的主墙及地台展示造型简洁生动的桂花图案，凸显其青春活泼；大堂内以古铜色墙壁和马赛克贴面作为主要装饰，呈现其优雅瑰丽的美感。

由于房间层高过高，设计师将偌大的空间分为若干个包房，缩小了空间的尺度，让用餐环境更舒适，同时还保证了私密性。整个餐厅呈腰果心型，包房入口也同样采用圆润流畅的曲线设计，以不规则的处理手法突出其奇特空间，带起一种赏心悦目的飨宴新感受。每一个包房的设计都各具特色，墙壁上大小不一的金属装饰，犹如绽开的桂花，朝气勃勃。弧形的墙面桂花装饰与地面柔和的光线互相辉映，隐隐约约，营造出愉快的就餐氛围。

以"鱼"形元素打造出的高低落错的天花设计丰富了空间的层次感。大堂内的每一个用餐区都以红色地毯来划分，顶部天花则用了由金属线串联起来的鱼形图案。色彩不一的链子互相连接，构成白色和红色的鱼儿形象。链子轻微的动态，就如鱼儿畅游其中，带来强烈的空间感和盎然生息之意境。

"鱼"的设计元素延伸至包房内，墙壁上镶嵌有不同大小的鱼形装置，简洁利落。设计师对包房内的天花采用了深思细腻的处理方法，每个包房内都有设计独特的矩形吊灯，平面呈现花状，水晶的材质使灯光晶莹剔透，并降低了层高，使空间尺度更舒适。从底部望上去，吊灯如同盛开的桂花。同样造型的吊灯也出现在大堂里的部分卡座上，设计师把中餐厅的经典元素与热烈活泼的现代餐厅气氛巧妙地融合在了一起。

01 包房入口采用圆润流畅曲线设计
02 "桂花"花瓣造型的门洞
03 大堂天花上金属线串联的鱼形图案

04 墙面上大小不一的金属装饰，犹如桂花
05 平面呈花状的吊灯
06 流线型的餐厅布局
07-08 餐厅入口
09 鱼形元素同样被用到了包房的墙面上

07 08

09

10 用餐区
11 很大的空间被分成若干个包房
12 餐厅内景
13 包房内矩形的吊灯降低了层高
14 卡座区

13

14

01 02

IZAKAYA SINGER

圣家居酒屋

设计单位　PANORAMA香港泛纳设计事务所
设计团队　潘鸿彬、谢健生、黄卓荣
项目地点　广东 深圳
项目面积　340平方米
完成时间　2012年7月

"圣家居酒屋" 是位于深圳市新开辟的饮食和娱乐中心"欢乐海岸"里的一间日式餐厅，其设计给人"家"的感觉。设计师将传统的日本居酒屋餐厅的体验，提升到了新的潮流水平，将收集起来的各种材料循环使用，提高了其用途和观赏价值。

餐区一：棕色的开放式天花板下，倾斜的木制屋顶结构在建筑上对传统的日式居酒屋作出了新的诠释。铁板烧台面和长木台的上方悬挂着以空米酒瓶和钨丝灯泡装配成的灯饰。不同风格的白色餐椅与木地板形成了对比，使整体温暖的色调中还带一丝随意。

餐区二：由天花吊下的绳帘将餐区分隔成不同的空间。各种不同的座位摆设提供二人、四人、六人及八人的餐位，还有贵宾房以满足客人所需。在富有特色的墙壁上，挂满了由巨大的黑白色日式烹饪器皿与黄芥末色块拼贴成的装饰，使餐厅独具风格，温馨的品牌形象得以突显，也使食客胃口大开。用竹筷编织的吊灯和台灯使整个餐区沉浸在温暖舒适的气氛中。

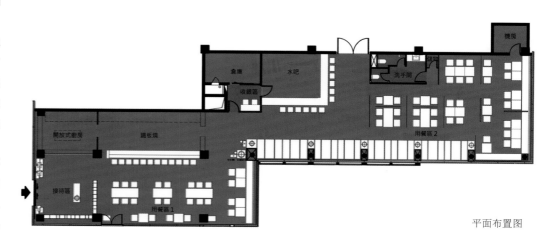

平面布置图

03 04

01 挂有空酒瓶装配成的灯饰的铁板烧用餐区
02 创意的灯饰
03 木质结构的隔断
04 铁板烧吧台
05 餐区2

05

06 由天花吊下的绳帘将餐区分隔成不同的空间
07 多幅现代抽象画拼贴成的趣味墙面
08-09 竹筷编织的吊灯和台灯营造餐区轻松的氛围
10 用餐区局部
11 温暖舒适的用餐环境

09 10

11

01 02

THE LOFT RESTAURANT

The Loft餐厅

设计单位　Joey Ho Design Ltd
主持设计　何宗宪
参与设计　Althea Lee、Ray Lau
项目地点　香港
项目面积　436平方米

　　这家意大利餐厅位于香港东涌,设计师的创作灵感主要来自原有的建筑结构。以美国纽约的废弃工厂改造屋阁楼"Loft"作为创作蓝本,崭新的阁楼"Loft"的设计巧妙地配合了餐厅的根本理念,把原有的空间打造出了"屋"的环境,宽敞和开放的大厅散发着轻松、温馨的居家气氛,为客人带来犹如在家一般的用餐享受。

　　设计师何宗宪表示:"本案设计的出发点是结合进餐体验和用餐地点,我希望透过这个餐厅的室内设计,演绎出饮食的新文化意识,将意大利的饮食文化融入本地,让客人细嚼享用食物本身之余,也品尝室内空间的情怀和味道。"

　　设计师在原有的建筑空间内加入新的空间,用框架设计来增加整个空间的通透性,在提高空间的使用效率之余又能建构室内的层次感。餐厅用材上选择了原始材料,例如木材地板和墙身的红白砖块,无不散发着一种不经修饰的质朴味道。天花和框架结构上的红白油漆与墙身的红砖互相呼应,新旧元素并存,视觉效果独特。

　　设计师特意度身设计了墙壁和天花的插图,以居家环境作为构图理念,为冷冽的墙身增添了一丝暖意和亲切感,为空间添上了个性和惊喜,让食客能在此轻松自在地享用意大利菜。

01 "阁楼"格局的用餐区
02-03 木材地板和红白砖墙给餐厅带来一种不经修饰的陈旧味道

04 黑、白、红主色调的用餐空间
05-06 时尚的天花插图给冷冽的墙身增添一丝暖意和亲切感

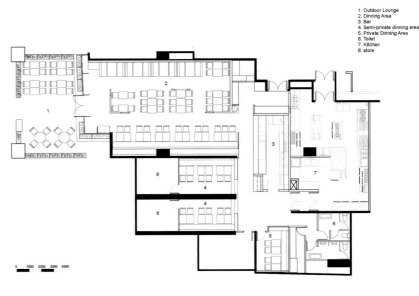

1. Outdoor Lounge
2. Dinning Area
3. Bar
4. Semi-private dinning area
5. Private Dinning Area
6. Toilet
7. Kitchen
8. store

平面布置图

07 墙壁和天花的插图相呼应
08-09 餐区局部

01 02

PIZZAZAZA
Pizzazaza 意大利餐厅

设计单位　智设计工房
主持设计　梁显智
项目地点　香港
完成时间　2012年1月

继米芝莲星级拉面店Mist创作面工房之后，梁显智再次担任 MMM饮食集团的设计总监。此餐厅坐落于一个宁静的美食天堂——大坑。那里云集了世界各地不同的美食，应有尽有！

设计以欧洲宁静的小镇为创作概念，感觉就像置身于意大利小镇托斯卡纳（Tuscany）的小屋里，设计师希望能透过餐厅设计，给顾客带来那份与众不同的亲切感。

设计师特意选用了暖黄色调的玻璃装饰整个餐厅，带给人新鲜、温暖的感觉。顾客可透过黄色玻璃看到厨师正在精心为自己准备食物，分外亲切。店铺外饰同样采用了全落地黄色玻璃，配以带白框的欧洲式折门，外墙夺目的logo上再加

上一列射灯，创造出吸引眼球的外观。

餐厅内设有一道巨型的艺术墙，墙上挂满大大小小、极具个人特色的挂画，令人仿如置身于家中的画廊，一个收藏了屋主喜爱的艺术作品的小天地，让顾客在极具艺术气息的环境里享受美食。店内加入两种截然不同的灯光设计，照射墙身的是独特的舞台灯效；而用餐区则采用较柔和的灯光，两者融合，为餐厅创造出风格独特的灯光情调！

如果想跟三五知己静静地坐下，一边品尝美食，一边畅饮闲谈，Pizzazaza的确是一个不错的选择！

01 暖黄色调的玻璃装饰整个餐厅
02 餐厅内装饰简单但富有趣味性
03 黄色玻璃配以带白框的欧洲式折门的外观

04 墙面上的装饰艺术品

05-06 巨型的墙上挂满了大大小小、极具个人特色的挂画

07 餐厅外观

08-09 用餐区

10 过道

11-12 创意的卫生间指示牌

13 卫生间

08 09

10

LADIES

11
12

CENTS

13

01 02

SKY ON THE 5TH

Sky on the 5th概念餐厅

设计单位　智设计工坊
主持设计　梁显智
项目地点　广东 广州
建筑面积　806平方米
完成时间　2012年

　　位于广州的Sky on the 5th是一间有独特设计概念的餐厅。开敞的玻璃天窗、玻璃贵宾房、别致的家私摆设和独特的灯光设计，都让人感受到设计师的心思所在：全心全意为宾客提供一个优雅舒适的用膳环境。

　　Sky on the 5th设计追求的是美食与空间设计的完美结合。天花以一道长长的玻璃天窗为中心，由南至北贯穿整间餐厅，宛如一个倒转于天花上的狭长舞台（Catwalk天桥），打造出一派耐人玩味的舞台效果。这个倒转的天花舞台给餐厅营造出多个截然不同的格调。

　　白天，阳光洒进餐厅的每一角落，柔和雪白的色调让餐厅更见宽敞和光亮炫目，令人精神一振。下雨天则有另一番景象，雨点逐一打落在天窗上，交错杂乱，给置身餐厅中的宾客上演一场壮丽的水滴派对。当夜幕低垂，繁星星光的点缀配上天幕旁的LED灯，互相映照，如同一条迎宾大道，由入口缓缓地引领宾客步进餐厅，每位宾客犹如置身于颁奖礼中，格调十足。

　　中央天窗两侧设有两幅巨型天幕，设计概念源自雀鸟展翅翱翔的形态。其左右"两翼"的外形仿如雀鸟展翅腾飞的姿势，构成一幅广阔的天幕。设计师在设计物料的运用上亦有讲究，运用富有弹性及透光的布料制造天幕，一方面可阻隔热差，同时可引入充足自然光，使其渗透到室内每个角落。天花板装上LED照明及一排排的射灯作点缀，为晚间制造配合得宜的情境灯效。

　　设计师不单对空间设计有精心的布局，对于宾客感官上的追求亦有周详的考虑，不会忽略当中的细节。颜色配搭方面，简约的黑白色调，运用得宜，亦能营造出精彩的视觉效果。餐厅以白色为主调，当中用上适量的黑色元素，颜色配搭如同钢琴的黑白键，为简约和谐的格调增添一分型格的味道。每件家具摆设都经过悉心的挑选，并把它们融合于整个设计当中。设计师特意为餐厅设计了四间别具一格的玻璃贵宾房。玻璃贵宾房设于地台升高处，房内没有安上吊灯以作照明，取而代之的是一张暗藏LED灯的餐桌，务求宾客不会受室内光线反射的影响，在最理想的环境下欣赏窗外别致的景色。独特的设计概念，令宾客犹如置身于漂浮的空中花园，有一个意想不到的用膳体验，在享受美食之余，并可尽享窗外的风光，情调十足。

01 餐厅整体色彩基调以黑白色为主
02 通往玻璃贵宾房的台阶
03-04 自助餐区
05-07 餐厅局部

08 09

10

11

08-09 天花上一道长长的玻璃天窗由南至北贯穿整间餐厅
10 阳光透过天花玻璃洒满整个餐厅
11 简单的装饰让空间宽敞
12-14 玻璃贵宾房

01

QIXIANLING NARADA RESORT HOTEL TEA AND BOOK BARS & WESTERN RESTA URANT

保亭仙岭君澜度假酒店 茶书吧&西餐厅

设计单位　大勺国际空间设计
软装设计　上海太舍馆贸易有限公司
设 计 师　陈亨寰、李巍
文　案　刘慧瑛
建筑面积　1,013平方米
完成时间　2012年

日本茶道宗师千利休曾说过："须知道茶之本，不过是烧水点茶"。空间设计的本质亦是通过静虑，从平凡的生活中去契悟设计之道。

这个半开放、半私密、半公共的空间置身于天蓝海碧，山清水秀之中。设计师利用庭院、特色走廊等过渡空间，将室内外景观精美融合。古朴与现代的巧妙混搭，使人在自然的环境中更惬意地体验当下的放空。

从来佳茗似佳人，禅茶一味悟自心。一楼茶书吧的空间被分割成几个细部，更注重于私密空间与公共空间的互动关系。多层次的过厅更给空间增添了仪式感。此外，大面积的户外景观又与室内摆设遥相呼应。于此中，若坐若卧，皆是怡然自得。

其下如是，其上亦然。二楼西餐厅更是大面积地用到了落地窗，仿若隐逸空谷中的一颗璀璨的钻石。二楼延续了一楼雕花屏风的局部隔断方式，光影互动交织成趣，给空间更添私密性。以竹木饰面的吊顶区分整体空间。动线的理性规划，让客户在取餐时更方便。宽大舒适的布艺沙发，给整个用餐环境带来了更多的轻松氛围。

02

03 04

01 餐厅置身于山清水秀之中
02 自助餐区一角
03 大面积落地玻璃窗让室内外景观精美融合
04 餐厅内可观景的露台
05 特色走廊

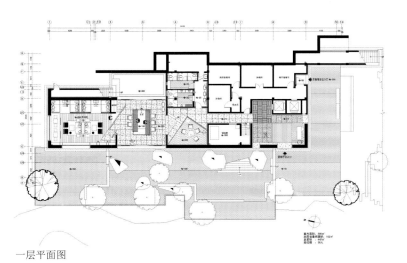

一层平面图

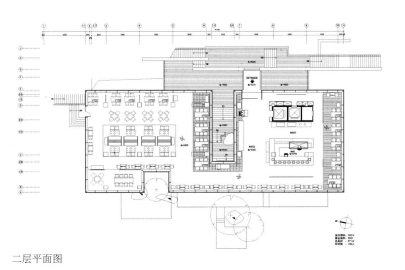

二层平面图

05

06

06 光线通透的过道
07-08 一楼茶书吧
09 茶书吧细部
10 入口过道
11 茶书吧细部

07

08

09

10

11

12 一楼茶书吧的书架上放置了可阅览的图书和艺术收藏品
13 茶书吧的装饰风格古朴自然
14 通往二楼的楼梯
15 二楼西餐厅

14

15

01 02

POSTSCRIPT RESTAURANT
又及餐厅

设计单位	古鲁奇建筑咨询（北京）有限公司
主持设计	利旭恒、赵爽、郑雅楠
项目地点	北京
项目面积	850平方米
完成时间	2012年

又及餐厅旨在唤起人们对校园食堂的回忆，给刚刚踏出校园的年轻学子们提供了心灵的加油站，设计师希望用柔和的绿色系和天然的大理石色调创造一个闹中取静的幸福空间。

生活中，每个人对美好事物有着不同的憧憬和渴望，乌托邦式的梦想纵然不切实际，但毫无疑问，梦想是追求美好事物的动力源泉。设计师把600平方米的空间规划成5个功能区域，除厨房、吧台等基本后场之外，所有的用餐区域设计都遵循了环境心理学原理，比如，面向喧嚣都会的景观用餐区可以通过窗口来静观这座纷扰的城市，帮助人们审读自我。

设计师认为，对于现代时尚餐饮空间的设计，食客心理因素要优先于生理因素考虑，特别是在繁华的都会中心，用餐当然绝对不只是纯粹的生理行为，更多的是心理学的反射，每当用餐时刻，人们思考的除了美食之外，同时也是在选择一个能让身心完全放松的空间，在饱餐一顿的时候也能恢复良好的精神状态。

设计师针对都会商业区白领族群的用餐心理，精心布局四个属性独特的餐区，每个餐厅风格相同、手法相异。餐区之间非常注意颜色与材料的运用，小阁楼餐区为全绿色空间，白色的楼梯隐喻人们努力向上的必要性，食客躺坐在小阁楼餐区的"懒骨头"沙发上，搭配一杯热奶茶，绝对独享属于自己的身心避风港。

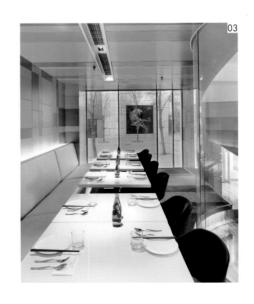

03

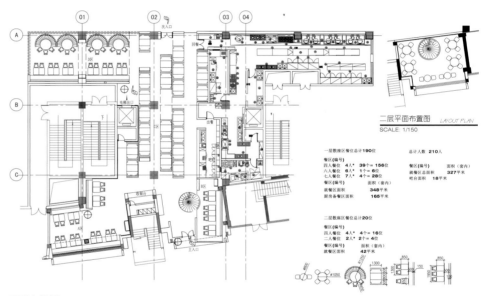

平面布置图

01 餐厅外立面
02 绿白相间的外立面墙
03 简约的用餐区
04-05 阁楼区的螺旋式楼梯和"懒骨头"座椅让食客享受到
避风港式的温暖

06

07 08

09

06 大气又不失活力的用餐区
07-08 餐厅一角
09 蓝、白、绿营造出宁静的气氛

10 过道水滴造型的金属吊灯群
11 绿色为基色的拼色背景墙
12-16 餐厅区域不同角度

12 13

14 15

01

MATSUMOTO RESTAURANT
北京国瑞城松本楼

设计单位   古鲁奇建筑咨询（北京）有限公司
主持设计   利旭恒 、赵爽
项目地点   北京
项目面积   600平方米
完成时间   2011年10月

　　松本楼是专营日式料理的全国连锁餐饮品牌，本项目由知名餐饮空间设计师利旭恒主笔。设计师有感于当今中国大城市的生存环境给人造成的强烈的名利主义倾向，基于回归真实自我和朴实善良的理念，提出了一个有趣的想法——"祈福"。

　　松本楼中，设计师运用了日本的太鼓、祈福牌、家族图腾与相扑文化串连整体空间，灯光气氛营造出高档日式餐厅的华丽与时尚感。层次丰富的原木基调日式祈福牌子，在餐厅的外墙面，以类似装置艺术的方式呈现出来，客人可以在祈福板上留下对自己的愿望和寄语，给每位客人一个幸福的期待。

　　设计师希望借由松本楼展现一个和谐社会的缩影，温馨的用餐环境让流连忘返的回头客不断，这也正好符合设计师秉持的"好的设计就能体现设计所带来的价值"的理念。

01 日式料理吧台
02 吧台上方的吊顶装饰有象征日本相扑文化的插画
03 用餐桌上花朵状的日式吊灯

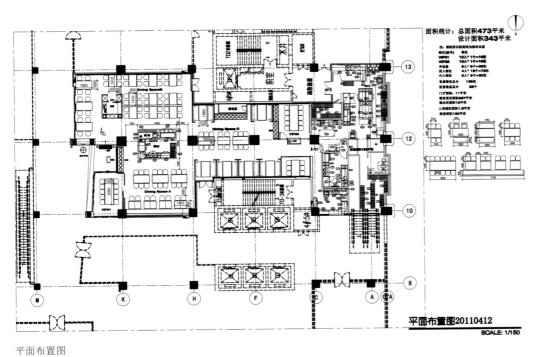

平面布置图

04 框条结构的吊顶
05 用餐区
06 餐厅外墙面的装置艺术
07 外墙上的祈福板可让客人留下对未来的祈福语或愿望
08 白色肌理墙面上的花纹源自日本的图腾文化
09 包房

08

09

01 02　　03

THAI ALLEY RESTAURANT

泰爱里餐厅

设计单位　C.DD尺道设计团队
项目地点　广东 佛山
项目面积　380平方米
完成时间　2012年10月

　　泰爱里（Thai Alley）餐厅是一家国际餐饮连锁品牌在中国的首间旗舰店。首次驻点选择在佛山岭南天地，是因为该地区有着悠久的文化历史。为了能与周围环境相融，餐厅选用旧建筑改造，既保留了历史建筑原有风情，也充分迎合了现代时尚的生活情调。

　　"泰爱里"是泰文"Thai Alley"的音译，泰文意为清静的丛林小径。整体方案围绕"家"的感觉展开，极力营造轻松的用餐氛围。通过纯粹的色彩、自然的材质和丰富的藏品去营造一个静惬悠闲的空间，简单的格调令人流连忘返。整个空间的布置，简单、轻松。设计以实际空间为出发点，由平面到立体，在极富泰国风情的自然小屋和中国传统建筑群之间捕捉它们的神似之处，进而获取灵感。此外，由于空间是多层空间，为了让顾客有更多的新鲜体验，设计师创造了错层空间的格局，使顾客在穿梭的过程中心生趣味，从而发现生活的乐趣。

　　白色是空间的主要色调，在各种自然材质的烘托下显得格外浪漫，精致细节的点缀在不动声色中诠释家的温婉气息，犹如在家用餐般温馨。古典风格装饰艺术品为空间注入浪漫元素，原木色调则渗透整个空间，烘托平静感，它在这里显得尤为突出，给灰色硬朗的空间增添了一抹清新的色彩，使不起眼的角落亦变得温情而活跃。

　　自然开心的气氛是贯穿整个空间的主要核心。设计师希望通过轻松的格调带动整个用餐的氛围，从而制造一些惊喜、热闹。在这个空间中，每处都有精致的装饰。因此，不用选择座位，随便择一处，亦能体会到美好。由于餐厅并非处于闹市区，为了吸引客人进来就餐，设计师特意精心装扮中岛柜台，顾客从外就能感受到餐厅内热闹的气氛。在这里，远离城市烦嚣，可以泡杯茶，享受久违的宁静。

01 餐厅位于岭南天地的旧建筑群内
02 餐厅保留了历史建筑原有风情
03 入口处繁茂的绿色植被意在打造一间泰国风情的自然小屋
04 古朴自然的用餐环境

04

05
06

一层平面布置图

二层平面布置图

07

05-06 用餐区
07 一楼用餐区
08-09 楼道装修传递出"家"的温馨
10 阁楼用餐区

08

09

10

12

13

01 02   03

SHANGHAI SNACK
上海老站

设计单位　深圳市华空间设计顾问有限公司
主持设计　熊华阳
项目地点　上海
项目面积　245平方米
完成时间　2012年

在餐厅经营中，企业的产品及服务起着至关重要的作用。在接触一个餐饮品牌之前，餐厅设计给消费者的感觉，会增加消费者内心对品牌的体验感受，增加品牌黏度，促进产品成交。我们在做室内设计时，最重要的一个理念就是，将室内设计与企业理念及产品相结合，让空间起到与消费者沟通的作用。在做项目设计之前，我们首先要知道，你们餐厅的目标群体是哪些人？他们来到你的餐厅消费，带有什么样的目的？是商务宴请还是家庭聚会，是恋人约会还是朋友聚会等。你的消费群体是哪些年龄段的人？从他们的性格爱好，消费习惯等来定位餐厅的室内设计风格。

当我们在做上海老站连锁餐厅的室内设计时，了解到他的餐饮特色、项目地址、人群定位，我们脑中就基本呈现出了这种餐饮设计的概念：红砖青砖的相间契合，以乳白皮质沙发提升空间亮度，呈现出老上海特色的风景、人物。坐在餐厅享受着上海弄堂小菜，恍惚中，感觉自己似乎从民国年代穿越而来，这种餐厅的体验洗礼着内心，让人感到如至如归。

上海老站连锁餐厅的装修设计和空间布置都具有其品牌特色，给人感觉是优雅娴静。餐厅的外观给人的第一感觉是娉娉袅袅，霓虹灯下的品牌LOGO，清清柔柔地纳入眼中。进入餐厅后，能立即感受到温馨的用餐氛围。整个餐厅没有多

余的墙体隔断，餐饮空间紧凑而不拥挤，空旷而不空洞。餐厅的家具使用现代中式的深棕色，餐椅及灯光则使用乳白与亮白，深与浅，黑与白，提升了空间对比度。

餐厅室内设计不仅从美观上出发，更要从经营角度来考虑，休闲特色餐饮涉及到高流量、高密度的人流；通过系统科学的设计，充分利用空间使用率，将人均面积规模至1.2平方，紧凑但却不致于拥挤。餐桌的高度为750mm-800mm之间，餐椅的高度为450mm-500mm之间，椅背的高度为700mm-800mm之间，这些精确的尺寸是最符合人体使用的舒适度及用餐习惯的。

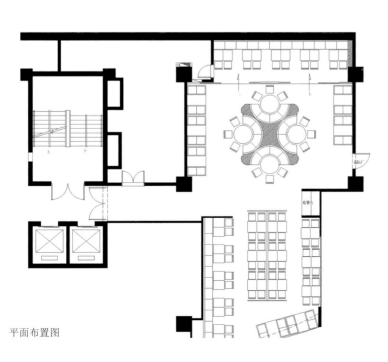

平面布置图

06 用餐区
07 "老上海"的摄影作品增加了餐厅的气氛
08 描绘民国年代上海生活的墙面插画
09-10 用餐区局部

01 02

PAVILION REATUARANT

梅林阁餐厅

设计单位　中国(合肥)许建国建筑室内装饰设计有限公司
主持设计　许建国
参与设计　陈涛、程迎亚
项目地点　安徽 合肥
项目面积　260平方米

　　这是一间新中式风格的小餐厅，位于居民小区的顶层，其空间内大量中式风格的造景寓意了大隐隐于市的情怀。

01-02 中式园林手法的造景
03-04 过道的隔断展示架内陈列了大量古代青铜酒器造型的装饰品
05 涂白的砖墙上嵌有传统中式风格的漏窗
06 休息茶饮区

03

04

05

06

07-08　古朴的就餐区墙面保留了粗糙的肌理
09　过道处徽派建筑的特色木柱
10　包房

11 木质楼梯结构
12 古徽派家具增加了室内的中式
情调
13 墙面上的佛像摆设营造禅意的
就餐氛围
14-15 过道
16 包房

17 肌理墙面上的鸟笼装饰
18 包厢内中式风格的搁物架
19-20 局部家具配饰特写
21 饮茶区
22-23 外景

21

22 23

02

NANJING JIN HOUSE
南京晋家门

设计单位　上海沈敏良室内设计有限公司
主持设计　沈敏良
项目地点　江苏 南京
完成时间　2012年7月

　　设计师通过塑造建筑的形体来传达内敛、稳重而又粗犷的西北独有的气质。门厅融合了建筑艺术，斜向走势的形体语言以青砖为载体，阵列排布，并且结合木梁顶及细节的木质雕刻，彰显出庄严的气质。

　　一层大厅的开敞设计，让视觉宽阔无阻，红色案几、蓝色吊帘、以及各种花艺对青灰色环境基色做了点缀。明档的开敞设计展示出独特菜肴的精彩烹制过程。

　　二层注重空间上的规划，空间总体划分为内外庭院，外庭院利用现场四米的层高优势，独立的戏台感形式的设计，再融合京剧人物场景，营造出室外庭院的氛围。内外庭院由三间包房隔开，包房进门为半敞开形式，门对面的透明玻璃贴膜是为了让内外庭院在空间上有所划分，但在视觉上通透，达到虚中有实的效果。两边的廊道为进入内庭院的主通道，使内外庭院隔而不断，围而不死。内庭院成为一个相对独立的区域，既打破了餐厅空间的闭塞，又增加了空间的灵活度，既达到了分隔阻挡的作用，又在视觉上产生意境深远的趣味。本案剧场设计的形式感让客人仿佛置身于时空的幻境，是在古代？是在今时？是在梦中的蝶，还是蝶在梦中？

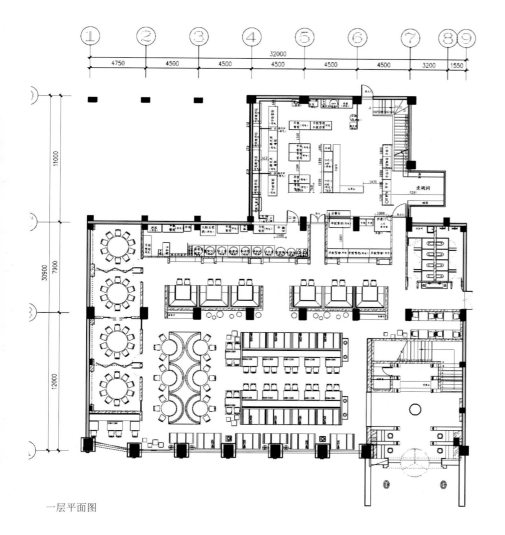

一层平面图

01 二楼包房
02 餐厅入口
03 一层大厅开敞的设计
04 青砖墙面结合结合木梁顶显出质朴的气质

05

06

10 一楼用餐区
11-12 二层楼外庭院设计融合京剧人物场景
13 半敞开式的包房进门
14 包房

WANG CHI RESTAURANT
旺池川菜

设计单位　上海沈敏良室内设计有限公司
主持设计　沈敏良
项目地点　上海
完成时间　2012年7月

　　该案是望湘园旗下涉足川菜的核心品牌，用与四川地域相近的藏滇文化进行诠释，是针对该品牌市场差异化竞争的突破口。同时该案又从设计角度赋予了该品牌更多广度与深度的引擎。运用浓烈且带有仪式感的藏红、藏绿、深蓝色点缀，并以藏幔、滇南孔雀的图案，将整个氛围带入了异域的时空中。家具的细部营造上保留其最具核心气质的特征，结合人体功能，充分表达仪式感的特质。该项目思考的是，设计的根本意义是什么？是赋予空间以生命，那才是最足以带给人们感动的。

01 餐厅设计展示浓郁的藏滇文化风情
02 藏红、藏绿、深蓝色让餐厅带有浓厚的仪式感
03 家具细部
04 伞状造型的吊灯

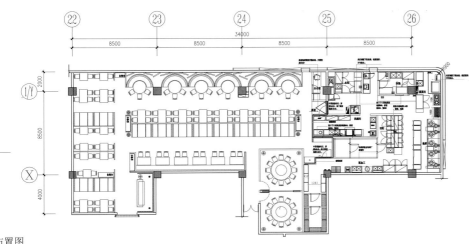

平面布置图

05 收银接待台
06 餐厅很多地方采用了滇南孔雀的图案
07 藏幔吊顶的天花
08-09 用餐区

08

09

SHANGHAI BIKTIME
掌柜的店上海五角场店

设计单位　上海沈敏良室内设计有限公司
主持设计　沈敏良
项目地点　上海
完成时间　2012年7月

该案位于上海成熟的商业广场——五角场万达广场，这是作为业主新发展周期的转型店。中原菜，挺陌生；中原文化，又那么的亲切。但细想，他的那些共性特征又似乎都被瓜分了。本案采用设计手法的强势定义，粗犷的荒石、原木，用最朴实的材质，结合热轧钢件，赋予了工业时代强烈的特征符号，将这最深沉的文明提炼出崭新的光芒。就如同这菜系一样，最淳朴、最自然、最古老，当厚重与时尚交汇，那才是她不同寻常的美丽。

01 餐厅营造淳朴的中原文化气氛
02 从店外向内看
03 就餐区
04 餐厅外墙面

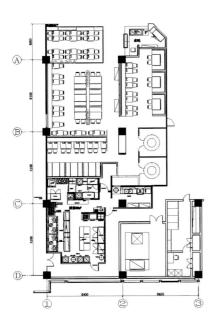

平面图

05 餐区简单的线条
06 热轧钢件在餐桌及空间的运用展示了强烈的
工业时代感
07 传统中原文化的墙画
08 吊灯
09 用餐区

01 02

XINFU 131 RESTURANT
幸福131餐厅

设计单位　上海善祥建筑设计有限公司
主持设计　王善祥
参与设计　王善辉、龚双艳
项目地点　上海
项目面积　298平方米

　　幸福131餐厅是一家特别"自在随意"的小餐厅，经营非常地道的重庆菜，原来是开在上海幸福路131号的，因此起名幸福131。由于店铺装修有几分不拘小节，非常轻松欢快，吸引了许多喜欢吃麻辣的"豪放"型人士。又因一部叫《转角遇到爱》的电视连续剧的很多场景是在这家店取景，所以有相当数量的粉丝。现在店铺搬迁，新店铺选在古羊路。这是上海一条很有些名气的餐饮街，多是些小型店铺，都各具特色，竞争也十分激烈。

　　幸福131和这里所有店铺一样，是一栋二层独立的小楼，四个立面大部分都是窗户，采光和通风非常好，但是大部分立面的窗户缺乏特色，在这一条街上并不突出。业主想让餐厅形象有所升级，但并不想失去原来的老客人所熟悉的老"江湖气"，同时造价不能高。

　　根据要求，设计师确立了一条"低技"思路，能表达出老重庆特色，也能具有当代都市特征。

　　首先，建筑外立面必须改造，要使客人很远就能认出。室内外使用了很多竹竿，以表达浓重的老重庆西南风情。这是一种十分常见的材料，既熟悉又俗气，如何使人熟悉而不俗气是设计的重点。建筑外立面全部挂了竹竿格栅，使建筑原有的良好的通风、采光优点发挥出来。竹竿格栅的表皮为钢筋水泥的都市丛林带来了一丝粗放、纯朴的气息，自然也就非常出跳。

　　其次，里应外合，室内也使用了大量的竹竿格栅做为隔断等。大部分地面使用了旧建材市场淘来的老地板，别有风味。还有些部位使用了不规则形状的石板，更显粗犷豪放。大部分家具使用了老店铺原有的，即使原先是原木做旧的，现在其实也真旧了，增加了岁月痕迹。为使餐厅更能表达重庆特点，几幅经过特效处理的老重庆照片穿插于空间中，黑白色调中透出红色，显示了重庆文化和餐饮的火辣味道。

　　室内外还运用了一些槽钢、角钢等具有都市特点的工业材料做为框架，使之与竹竿、旧地板等既融合又产生对比。

　　最终，营造了一个具有自在随意特点的餐饮空间。

01　建筑外表皮的竹结构
02　入口处的景观小品
03　室内以木、石板为主要用材
04　立面竹格栅

03

04

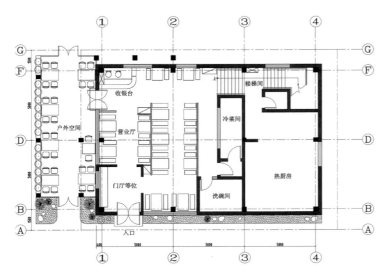

一层平面布置图

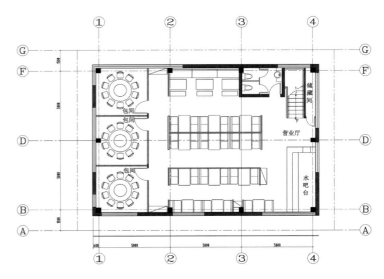

二层平面布置图

05-06 简约结构的卡座区
07 走廊上的老重庆照片
06 角钢与竹竿的结合
09 卫生间门前的隔断
10 窗边的座位

11 风格朴素的一楼就餐区
12-13 二楼包房

12

13

01

HAILIANHUI REATUARANT
海联汇

设计单位　福州宽北装饰设计有限公司
主持设计　郑杨辉
项目地点　福建 福州
项目面积　320平方米
完成时间　2012年7月

位于塔头街1号的海联汇是一间重新翻修，呈现混搭新东方风格的餐厅。作为海联酒店的配套项目，业主希望餐厅的重装既要沿用原酒店大堂空间的暖色调，又不乏福州区域文化展示的意境。

有别于一般意义上新东方空间的华丽感和复古性，海联汇更讲究陈设、配置和对商务空间中人文气息的营造，着重于控制空间的品味，在精简传统中式元素的同时，又不失东方意境。我们的视野里并不见中式装饰常用的木刻雕花、青花纹理、大红灯笼，但就是那一抹清泉、一张藤椅、一片蒲团让我们感受到其内敛的中式禅意。

或许是源于"海联汇"的名称，设计师根据业主的要求，将"水"和"海"的概念作为餐厅设计的主题。在所有象征海、水概念的元素中，设计师以水波的圆弧纹理为灵感，将形态、大小、组合方式不一的"圆"呈现于空间各处。餐厅出口外立面墙上错落镶嵌的各式圆形陶盘装饰，质朴之余，也在传达关于餐饮的信息；大面积的天花和背景墙被刷上圆弧纹理，空调出风口则设计成水纹状的圆形，犹如水波荡漾；入口及大包厢的玻璃表面漆上海水螺旋状，大圆套小圆的效果也被不断重复。公共就餐区的隔断围栏内，白色水平管织成有序的纵向线条，传达雨的概念。此外，以水母、海藻等海底生物为创作原型，进行变形处理的落地灯散落空间。灯具蜿蜒

的体态和流水般的纹理，使其整体造型风姿绰约，其藤制工艺在无形中又增添了几分清淡雅致的情趣。

新东方的巧妙之处莫过于将传统意境与当代艺术、传统元素与当代手法巧妙融合，设计师恰如其分地表达了这别有韵味的复合式美学。空间的结构通过大体块的拼接构成，用块面搭接的方式穿透延伸。无论是以传统"弓"字形护栏作隔断的公共就餐区，还是用现代玻璃、不锈钢和木质踏板围合出的透明封闭包厢，抑或是以原木板块打造的隔断屏风、书架和陈列柜，不同体块之间的组合刻意而又自然，构成了极具表现力的功能区域。

01 天花以水波的圆弧纹理为灵感
02 原木板块打造的隔断屏风
03 公共就餐区

原始平面图

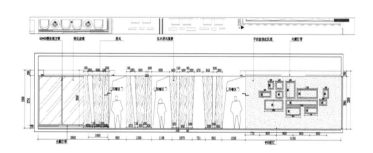

卡座区2立面图

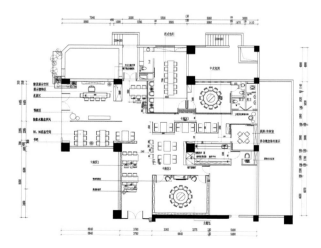

平面布置图

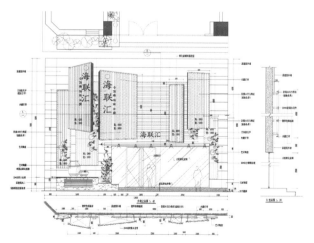

立面图

04 隔断围栏内白色水平管织成有序的纵向线条，传达雨的概念
05 现代玻璃、不锈钢和木质踏板围合出的透明封闭包厢
06 简约的中式座椅
07 过道处的艺术装饰

08 藤制工艺增添了品茗区清淡雅致的情趣
09-10 包间内以旧建筑符号为题材定制的手绘作品占据半壁
11 原木陈列柜中放置的陶瓷工艺品传达质朴之气
12 做旧的木质结构洗手间

11

12

01 02

CLUB IN BASE 3
根据地酒吧3号店

设计单位　杭州意内雅建筑装饰设计有限公司
主持设计　朱晓鸣
参与设计　刘明海、尹杰、赵肖杭、高力勇
项目地点　浙江 杭州
项目面积　800平方米

　　犹如曼妙的音乐是小资们的最爱，酒吧俨然也成了当代都市人群在夜色掩护下发泄情绪、释放压力的场所。乡村风格、古典风格、现代混搭风格……各自大行其道，但往往在被一定的量化以后，便不乏雷同、疲劳。设计此案前，我们就在思考，是否可以摆脱业界风格流派的束缚，是否可以打破夜店单一场景的怪圈。

　　"根据地酒吧"是个老牌子，固有的客户群都钟情于其浓郁的军事气息，那么，"新根据地"又怎么在保留"老根据地"原汁原味精华的

同时，呈现出崭新的自我？

　　本案以"善变"作为设计创作的切入点，在摒弃了"迷彩"、"斑驳老墙"、"飞机炮弹"之后，通过对矛盾材质的交替运用，以及对隐含军事意味的情景再现，以影像、灯光、渲染、投射等多种设计手段交叉使用，并结合军事设施当中的咬合装置、升降器械、隐秘通道等陈列设置，使其可以驾驭HOUSE、MASHUP、TRANCE等不同类型的曲风，在酒吧运行的不同时段，均能营造迥然不同的影音场景，无论是迷

幻的、乡村的、劲爆的……借此满足来访者被酒吧酣畅淋漓的情绪所催化的期待，并完整地营造音乐与SHOW的场景需求。

　　阴柔与阳刚、高贵与质朴、锐意与沧桑等不同的空间性格在不经意中变化，从而迎合玩客期待—满足—惊喜的微妙的情绪需求，并可避免因一味地追求自我风格而导致所谓的空间落伍，从而延长场所的生命周期。

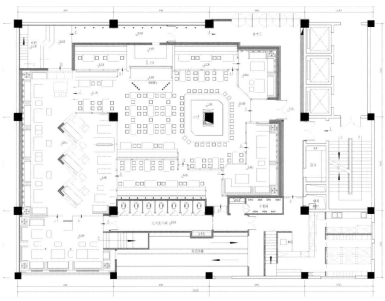

底层平面布置图

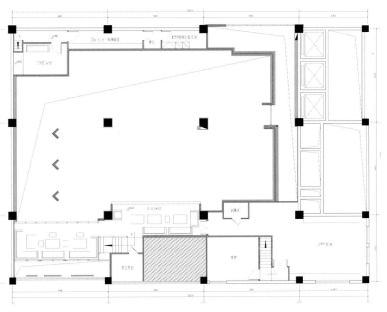

夹层平面布置图

01 酒吧一角的精致造景
02 灯光营造了迷幻的视觉效果
03 大量装置器械的应用呼应了酒吧"军事气息"的主题
04 金属材质及复古皮质营造强烈的质感空间

03

04

05-06 光线的渲染、投射，营造出迷幻的空间氛围
07 入口玻璃、钢结构
08 局部特写
09-10 吧台区

11-12 迷幻的、乡村的、劲爆的酒吧氛围
13-14 吧台顶部铁链围合的吊灯装饰
15 过道内军事风格的LOGO墙面
16 入口处